Tubing mit CATIA V5

Thomas Eibl

Tubing mit CATIA V5

Effizientes Konstruieren von Leitungen
und Anschlüssen

Mit 474 Abbildungen

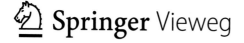 Springer Vieweg

Thomas Eibl
MAN Truck & Bus
Österreich

ISBN 978-3-8348-2449-3   ISBN 978-3-8348-2450-9 (eBook)
DOI 10.1007/978-3-8348-2450-9

Die Deutsche Nationalbibliothek verzeichnet diese Publikation in der Deutschen Nationalbibliografie;
detaillierte bibliografische Daten sind im Internet über http://dnb.d-nb.de abrufbar.

Springer Vieweg
© Springer Fachmedien Wiesbaden 2012

Lektorat: Thomas Zipsner / Imke Zander

Gedruckt auf säurefreiem und chlorfrei gebleichtem Papier

Springer Vieweg ist eine Marke von Springer DE. Springer DE ist Teil der Fachverlagsgruppe Springer
Science+Business Media.
www.springer-vieweg.de

Vorwort

Ein besonderes Anliegen bei diesem Buch war mir, dem Leser die Grundlagen für die Arbeitsumgebung Tubing mit praxisorientierten Beispielen zu vermitteln. Die verschiedenen Kapitel werden mit einem Beispiel abgeschlossen und der Leser kann so sein Wissen vertiefen und kontrollieren. Mit der Unterstützung von Kollegen ist es mir gelungen, Beispiele aus dem Nutzfahrzeugbereich der MAN Truck & Bus AG in dieses Buch einzubringen und die Übungen dadurch praxisnah zu gestalten. Auch wenn sich die Übungen in diesem Fall an den Nutzfahrzeugbereich orientieren kann die vermittelte Methodik und Anwendung auf andere Maschinenbaurichtungen angewendet werden.

Das Buch ist in acht Kapitel gegliedert und basiert auf der Version CATIA V5 Release 20. Durch die ständige Weiterentwicklung von CATIA V5 kann es trotz großer Sorgfalt zu geringfügigen Abweichungen in den Darstellungen auf Grund unterschiedlicher Releaseversionen kommen.

Eine kurze Beschreibung über die Ziele von diesem Buch erfolgt in Kapitel 1. In Kapitel 2 werden allgemeine Grundlagen und die Arbeitsumgebung Tubing mit ihren verschiedenen Toolbars und Funktionen oberflächlich vorgestellt. Eine detaillierte Beschreibung erfolgt dann in den jeweiligen Kapiteln. Das Kapitel 3 befasst sich mit den Grundlagen der flexiblen Leitungsverlegung. Die Konstruktion von flexiblen Leitungen wurde aufgrund der Themenstrukturierung und für ein besseres Verständnis in das Kapitel 3-Grundlagen und Kapitel 5-Fortgeschritten aufgeteilt. Mit dem Thema assoziative Verbindungen, Stecker und Anschlüsse befasst sich das Kapitel 4. In Kapitel 6 wird dem Leser die Konstruktion von starren Leitungen näher gebracht. Zeichnungsableitungen von Leitungseinbauten und das Aufbereiten von Leitungsfertigungszeichnungen mit Biegetabellen beschreibt das Kapitel 7. Im Kapitel 8 werden die häufigsten Error Meldungen beim Konstruieren von flexiblen und starren Leitungen erläutert und Lösungsvorschläge beschrieben. Im gesamten Buch wurde sehr darauf geachtet, die verschiedenen Arbeitsschritte mit Abbildungen zu visualisieren.

Das Buch richtet sich an Studenten technischer Universitäten, Fachhochschulen und höheren technischen Schulen, sowie an Ingenieure und Techniker, die sich mit der Leitungsverlegung von flexiblen und starren Leitungen im CAD System CATIA V5 vertraut machen wollen. Genauso kann das Buch für Teilnehmer an beruflichen Aus- und Weiterbildungsgängen im Bereich allgemeiner Maschinenbau als CAD-Lehrbuch und Naschlagewerk verwendet werden.

Ein besonderer Dank gilt meiner Familie, die es mir ermöglicht hat dieses Werk in meiner Freizeit zu gestalten. Weiteres möchte ich Herrn Dipl.-Ing. Rathgeber, Dipl.-Ing. Knecht, Dipl.-Ing Müllner und allen weiteren MAN Kollegen und Vorgesetzten, die mich bei der Veröffentlichung der CAD Modelle unterstützt haben, Danke sagen. Bei Herrn Zipsner und Frau Zander von Springer Vieweg bedanke ich mich besonders für die tolle Zusammenarbeit, fachliche Unterstützung und für die gewissenhafte Lektorierung. Ein Dank gilt auch dem Verlag für die Möglichkeit, dieses Werk zu veröffentlichen.

Ich bin sehr daran interessiert, dieses Skriptum weiterzuentwickeln und hoffe, dass es nie perfekt wird. Denn wenn es perfekt wäre, hätte es keine Zukunft mehr, weil Perfekt kommt aus dem lateinischen „perfectum" und bedeutet vollendet. Aus diesem Grund freue ich mich gerne über Ihre Anregungen oder Ideen zu diesem Buch an die dazu eingerichtete Email Adresse *tubingv5@gmail.com*.

Ich wünsche allen Lesern viel Erfolg beim Lesen und Nachvollziehen der Buchinhalte.

Steyr, im September 2012   Thomas Eibl

Inhaltsverzeichnis

1 Ziele

Mit diesem Buch wird der Einstieg in das Konstruieren von flexiblen und starren Rohrleitungs-systemen in CATIA V5 leicht gemacht und kann ebenso für erfahrene Tubing-Konstrukteure als Nachschlagewerk verwendet werden. Das Buch richtet sich besonders an Schüler technischer Schulen, Studenten und Konstrukteure die sich mit der Arbeitsumgebung „Tubing" vertraut machen möchten. Nach dem Motto *„Ein Bild sagt mehr als 1000 Worte"* wurde das Buch verfasst und auf kurze, überschaubare Texte mit vielen aussagekräftigen Abbildungen geachtet. Somit wird das Selbststudium leicht gemacht und verspricht einen schnellen Einstieg mit einer erfolgreichen Konstruktion. Ein wichtiger Hinweis für alle Leser ist, dass bei Tubing Grund-kenntnisse und ein Grundverständnis für das Part Design (Teilekonstruktion) und Assembly Design (Baugruppenkonstruktion) vorausgesetzt wird. Für alle, die sich diese fundamentalen Kenntnisse erst aneignen müssen, empfehle ich an dieser Stelle das Buch von List *CATIA V5 – Grundkurs für Maschinenbauer.* Es ist kein Ziel alle Funktionen und Auswahlmöglichkeiten der gesamten Arbeitsumgebung „Tubing" zu erläutern, sondern nur jene, die für eine Grundaus-bildung notwendig sind. Um das Gelesene zu vertiefen, gibt es in den Kapiteln praxisnahe Übungsbeispiele. Diese vorbereiteten Beispiele, mit den verschiedenen Umgebungsgeometrien findet man unter dem Link www.vieweg.at zum Download.

Nach erfolgreichem Abschluss aller Übungen ist der Leser imstande

den Haupt- und Tubingprozess

zu verstehen und kann so den Konstruktionsprozess (Tubingprozess) besser in einem gesamten Projekt (Hauptprozess) einordnen,

flexible Leitungen

mit fixen Längen oder einem Durchhang zu konstruieren und den geometrischen Aufbau zu verstehen,

Bündelleitungen

in einem Einbau zu erstellen und zu modifizieren,

assoziative Parallelverläufe

zu konstruieren, modifizieren und deren geometrischen Aufbau zu verstehen,

Tubing-Teile

mit Hilfe einer Konstruktionsliste zu erstellen, zu parametrisieren und in Katalogen zu verwal-ten,

Befestigungsbinder (Kabelbinder)

mit unterschiedlichen Konstruktionsmethoden vereinfacht darzustellen,

starre Leitungen

zu konstruieren, modifizieren oder auch mittels importierter Koordinaten zu erstellen,

Tubing-Teile

auf Leitungen zu platzieren, drehen, verschieben und miteinander zu verbinden,

Messungen

an Leitungen im 3D-System vorzunehmen,

die Überschneidungsanalyse

zur Kollisionsvermeidung anzuwenden,

Fertigungszeichnungen und Einbauzeichnungen

mit einem Report bzw. einer Biegetabelle zu generieren und fertigungsgerecht zu gestalten,

Fehlermeldungen

interpretieren zu können.

Damit hat man sich ein fundamentales Wissen in der Arbeitsumgebung Tubing angeeignet. Ziel eines jeden Konstrukteurs ist, sich in der Arbeitsumgebung schnell und sicher zu orientieren. Nur so ist es möglich, die Konzentration auf die eigentliche konstruktive Aufgabe zu richten. Nachdem jeder weiß „ohne Fleiß kein Preis" empfiehlt es sich, Wiederholungen bei den Übungen durchzuführen, um diesen Zielen näher zu kommen.

2 Grundlagen – Tubing

In diesem Kapitel werden dem Leser Ablaufprozesse von Tubing, der Einstieg in die Arbeitsumgebung sowie die unterschiedlichen Toolbars näher gebracht.

2.1 Ablaufprozesse

Man unterscheidet zwei Ablaufprozesse. Es gibt den *Hauptprozess* und den eigentlichen *Tubing-Prozess.* Im Hauptprozess finden sich alle Aufgaben des Administrators vom Start eines neuen Projektes bis zum Fertigungsprozess der Leitungen. Der Tubing-Prozess ist ein Baustein aus dem Hauptprozess und in diesem wird die Methodik für die Leitungskonstruktion beschrieben. Genau dieser Prozess wird hier in diesem Buch erläutert. Auf den folgenden Seiten werden die beiden Ablaufprozesse grafisch dargestellt.

Hauptprozess

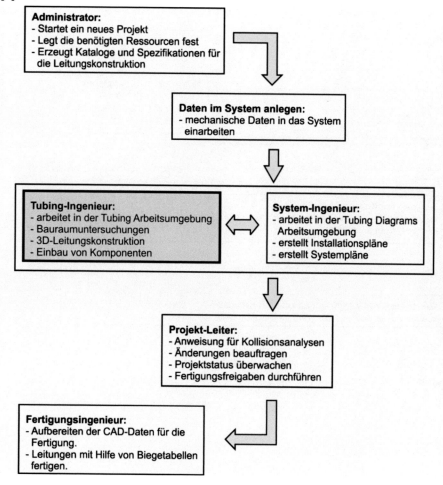

Tubing-Prozess

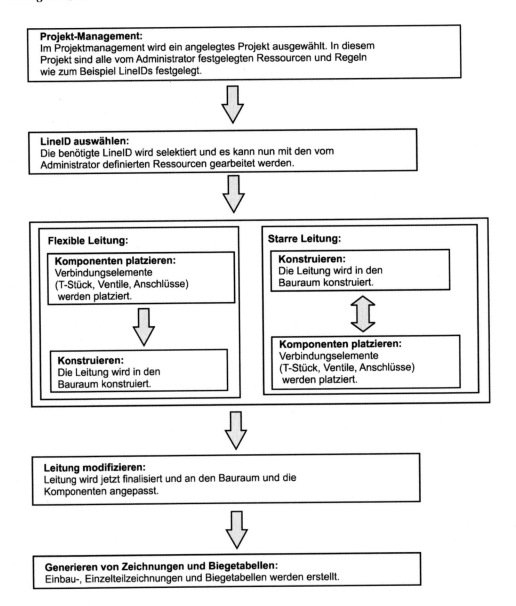

Die konstruktive Tätigkeit (Leitungskonstruktion) sollte jetzt besser in einem Gesamtablauf einzuordnen sein.

2.2 Einstieg in die Arbeitsumgebung Tubing

Der Einstieg in die Arbeitsumgebung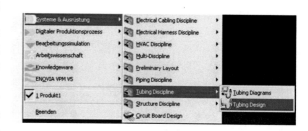

Tubing Design erfolgt über das Klappmenü *Start.* Aus diesem Menü werden jetzt die Anwendungsgebiete *Start > Systeme & Ausrüstung > Tubing Discipline > Tubing Desing* ausgewählt. Erscheint unter dem Klappmenü *Start* keine Auswahlmöglichkeit für *Systeme & Ausrüstung,* muss überprüft werden, ob eine Lizenz vorhanden bzw. aktiv ist.

Für ein späteres, komfortables Arbeiten mit Tubing empfiehlt es sich, das Startmenü mit den notwendigen Arbeitsumgebungen einzurichten. Dadurch ist ein schnelleres Navigieren zwischen den unterschiedlichen Umgebungen wie Part Design, Assembly Design und Tubing Design möglich. Mit dem Klappmenü *Tools*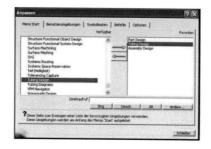

> Anpassen > Menü Start gelangt man in das Dialogfenster *Anpassen.* Hier werden links alle verfügbaren Arbeitsumgebungen angezeigt. Durch das Selektieren der gewünschten Arbeitsumgebungen können diese mit der Pfeilsteuerung zu den Favoriten verschoben werden. Ist man mit der Auswahl fertig und alle gewünschten Arbeitsumgebungen in den Favoriten, dann kann das Dialogfenster wieder geschlossen werden.

Im Startmenü (Favoriten) sind jetzt die gewünschten Arbeitsumgebungen mit deren Symbolen hinterlegt. Dadurch bietet sich dem Konstrukteur der Vorteil, sich schnell zwischen den unterschiedlichen Umgebungen zu bewegen, was bei der Leitungskonstruktion immer wieder erforderlich ist.

2.3 Übersicht Arbeitsumgebung Tubing

Die Tubing-Arbeitsumgebung oder Workbench ist eine speziell für die Konstruktion von starren und flexiblen Leitungen aufbereitete Umgebung. Das heißt, sie unterscheidet sich komplett von der Assembly- oder Part-Design-Umgebung.

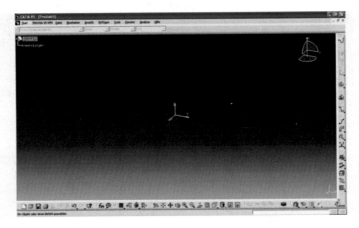

Die Tubing-Umgebung ist sehr umfangreich mit ihren verschiedenen Toolbars und Funktionen. Aus diesem Grund werden auf den nächsten Seiten die wichtigsten und für eine Grundausbildung notwendigen Toolbars und Funktionen erläutert. Zuerst werden immer die Toolbars und im Anschluss die darin enthaltenen Funktionen beschrieben.

Hinweis: *Die allgemeinen Funktionen wie zum Beispiel der Kompass, die Schnellansichten oder der Strukturbaum sind wie in den anderen Arbeitsumgebungen (Part Design, Assembly Design) handzuhaben.*

2.3.1 General Environment Toolbar

Element analysieren

Für das Objekt (Leitung, Anschluss- oder Befestigungsbauteil) werden Informationen wie die LineID, die Länge, die x/y/z-Koordinaten, usw. angezeigt. Wird der Cursor über das Objekt bewegt, werden Informationen über das Objekt dargestellt. Bei einem zusätzlichen Klick öffnet sich ein eigenständiges Dialogfenster, in dem alle Informationen festgehalten sind.

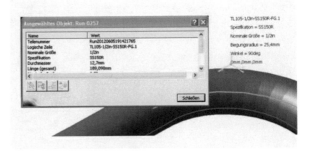

Aktuelle Achse ändern

Mit dieser Funktion wird die jeweilige lokale Achse geändert bzw. angezeigt. Das heißt, die Funktion wird aus der Toolbar ausgewählt und ein Bauteil selektiert. Im Anschluss wird die lokale Achse (in gelb) gezeigt wie an der rechten Abbildung zu erkennen ist. Am linken T-Stück ist eine ander Achse aktiv und daher keine Achse sichtbar.

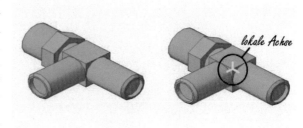

Aktuelle Achse ändern und Kompass versetzen

Diese Funktion ist grundsätzlich die gleiche wie die vorher beschriebene *Aktuelle Achse ändern*, mit dem Unterschied, dass der Kompass zusätzlich auf die lokale Achse platziert wird, wie es in der Abbildung dargestellt ist.

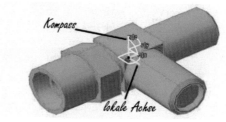

Protokoll zur aktuellen Achse

Mit dieser Funktion ist es möglich die lokale Achse zu bestimmen, jedoch mit einer etwas anderen Methode. Beim Selektieren der Funktion in der Toolbar, öffnet sich das Dialogfenster *Lokale Achse,* in dem alle Tubing-Konstruktionselemente des jeweiligen Produktes aufgelistet sind. Aus dieser Liste kann jetzt das gewünschte Bauteil gewählt werden.

Das Dialogfenster wird mit OK geschlossen und die Lokale Achse geändert.

Connector-Elemente verdecken oder anzeigen

Verbindungsinformationen (Connector) werden angezeigt. Damit sind keine detaillierten Informationen, sondern die Verbindungsvektoren (blaue Pfeile) gemeint. Mit Hilfe dieser Funktion können diese als Hilfestellung angezeigt oder auch wieder ausgeblendet werden.

Dadurch erhält der Konstrukteur eine
schnelle Information über die definierten   Verbindungen   (Connectoren).

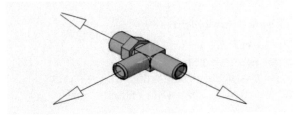

In Entwurfsmodus bringen

Die Konstruktionselemente werden vom Darstellungsmodus in den Entwurfsmodus gebracht
und somit wird deren Geometrie vollständig geladen. Für das aktive Konstruieren in einer Baugruppe sollten die benötigten Bauteile im Entwurfsmodus sein, um die die gesamte Funktionalität zu nutzen. Bei komplexen Baugruppen wird oft im Cache- oder CGR-Modus gearbeitet,
weil dort größere Leistungsressourcen vorhanden sind.

Hinweis: *Im Cache-Modus kann nicht mit Verbindungen (Connectoren) gearbeitet werden,
sondern ausschließlich im Konstruktionsmodus.*

Offsetebene

Es wird eine Hilfsebene (blau) für die Konstruktion erstellt, an der die Leitungskonstruktion
ausgerichtet werden kann.

Erweiterte Offsetebene

Die Funktion ist die gleiche wie *Offsetebene,* mit folgenden Zusatzmöglichkeiten

- eine Ebene durch die Selektion einer *Fläche* definieren,
- mit dem *Kompass* eine Ebene definieren,
- eine Ebene über *drei Punkte* definieren,
- eine Ebene über *Linien* und *Punkt* definieren,
- mit Hilfe von *Linien* eine Ebene definieren,
- eine Ebene an einem *Kreismittelpunkt* definieren und der Kreismittelpunkt wird über
  drei Punkte an einem Kreis bestimmt,
- eine Ebene an dem *Produktursprung* definieren.

Des Weiteren stehen noch verschiedene Ausrichtungs- und Verschiebemöglichkeiten zur Auswahl.

Den aktuellen Wert für den Gitterschritt eingeben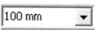

Im Tubing wird mit Gitterschritten gearbeitet. Der Cursor springt immer auf einen Gitternetz-punkt und der Abstand zwischen diesen Punkten wird über das Eingabefeld definiert. Wird also ein Wert von 100 mm definiert, kann alle 100 mm ein Knotenpunkt für die Leitung erstellt werden. Die Gitterschritte können während der Konstruktion beliebig verändert werden.

An Schritten fern der aktuellen Achse einrasten

Dieser Raster erlaubt ein Einrasten an all jenen Punkten, die ein Vielfaches des im Gitterschritt definierten Wertes sind. Die Messung orientiert sich dabei auf die aktuelle Achse. Im Bild klar erkennbar der dritte Knotenpunkt mit den Koordinaten 30/60/0 vom Ursprung.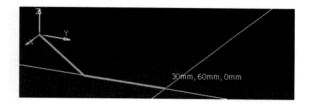

An Schritten fern der letzten Position einrasten

Es werden alle Punkte angesteuert, die ein Vielfaches des im Gitter-schritt definierten Wertes sind. Die Messung orientiert sich in diesem Fall immer auf den letzten Punkt. Es wird nach jedem Knotenpunkt die Koordinateninformation auf Null gesetzt und neu gemessen.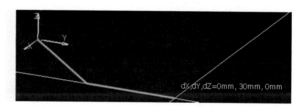

Eltern des Produktes aktivieren

Bei einer großen Anzahl von Objekten in einer Baugruppe ist es oft schwierig, schnell die dazugehörigen Eltern zu finden. Mit dieser Funktion werden die Eltern des selektierten Bauteils im Strukturbaum lokalisiert und aktiv gesetzt.

Hinweis: *Die Eltern sind übergeordnete (höhergestellte) Elemente im Strukturbaum*

Überschneidungserkennung (AUS)

Die Überschneidungsanalyse wird deaktiviert und somit Kollisionen bzw. Überschneidungen von Bauteilen nicht angezeigt.

Überschneidungserkennung (EIN)

Überschneidungen zwischen Bauteilen werden erkannt und die Überschneidungskontur rot dargestellt.

Überschneidungserkennung (STOP)

Diese Funktion lässt keine Überschneidung zu. Die Bauteile können bis zur ersten Berührung verschoben werden.

2.3.2 Tubing Design Toolbar

Teil Aktualisieren

Leitungen werden nach einer Änderung oder Modifikation aktualisiert.

Flip Part Position

Mit dieser Funktion ist es möglich, die Ausrichtung eines platzierten Teils auf einer Leitung schnell zu ändern. Die Funktion wird ausgewählt und im Anschluss das gewünschte Teil selektiert. Die neue Ausrichtung wird umgesetzt. An dem rechten Bild sind die unterschiedlichen Ausrichtungen dargestellt.

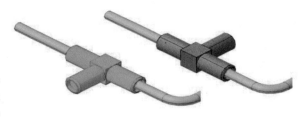

Teil in Verlegungsreservierung schieben/drehen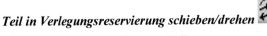

Diese Funktion ermöglicht es, Teile wie zum Beispiel Verbindungsstücke, T-Stücke entlang einer Leitung mit einem definierten Wert zu verschieben oder sie um eine Achse mit einem bestimmten Winkel zu drehen. Eine genauere Beschreibung der Funktion erfolgt zu einem späteren Zeitpunkt. An dem orange

transparent dargestellten T-Stück ist die Verschiebung und die Verdrehung entlang der Leitung zu erkennen.

Edit Part Parameters

Die Parameter von Teilen können geändert werden.

Größe/Spez. des Teils ändern

Mit dieser Funktion wird die Spezifikation oder die Größe von Teilen oder Leitungen geändert. Eine genauere Beschreibung wird in einem späteren Kapitel vorgenommen.

Adjust Run extremity

Der Endpunkt einer starren Leitung (Verlegungsreservierung) kann mit Hilfe von unterschiedlichen Optionen wie

- an das Verbindungsstück versetzen,
- an den Punkt versetzen,
- an die X-,Y-,Z-Koordinate versetzen,
- zur Verlegungsreservierung versetzen und die Ausrichtung beibehalten,
- an das Teil versetzen und die Ausrichtung beibehalten,
- Verlegungsreservierungen zusammenfügen und Biegung definieren,
- über einen Abstand regulieren,

neu ausgerichtet werden.

Biegung der Verlegungsreservierung überprüfen

Biegeradien von starren Leitungen werden geprüft, ob die definierten Regeln eingehalten werden oder nicht. Damit ist schnell und einfach erkennbar, welche Radien den Soll-Bestimmungen entsprechen und welche nicht.

Connect Parts

Damit können Tubing-Teile und Leitungen miteinander verbunden und assoziativ abhängig gemacht werden.

Disconnect Parts

Eine vorhandene Verbindung zum Beispiel zwischen einem Tubing-Teil und Leitung wird aufgelöst.

Create an offset segment connection

Es wird eine assoziative Verbindung zwischen zwei Offsetleitungen erzeugt. Somit ist das Offset bei einer Änderung immer gleichbleibend zur Masterleitung.

Hinweis: *Die Masterleitung ist die übergeordnete bzw. steuernde Leitung.*

Manage Graphics Representation

Es stehen unterschiedliche Darstellungsmöglichkeiten von Teilen und Leitungen zur Verfügung. Eine Leitung kann zum Beispiel vereinfacht als Linie (Single) oder als Volumenkörper dargestellt werden. Mit Hilfe dieser Funktion wird die Darstellung verwaltet.

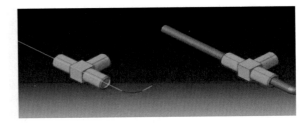

Manage flows...

Eine Flussrichtung kann definiert werden. Über die blauen Pfeile wird die Flussrichtung definiert. Sie ändern ihre Richtung durch einen Mausklick auf den Richtungspfeil.

Elemente übertragen

Tubing-Elemente können in ein neues Produkt übertragen werden.

Copy/Paste 3D Systems

Tubing-Elemente können in ein Zielprodukt kopiert werden.

2.3.3 Design Create Toolbar

In dieser Toolbar findet man alle Funktionen, die zum Erstellen von starren und flexiblen Leitungen bzw. zum Platzieren von Bauteilen auf Leitungen notwendig sind.

Route a Run

Route a Run ist eine Funktion für starre Leitungen. Mit dieser Funktion wird der Leitungsverlauf (Verlegungsresevierung) konstruiert. Dieser Leitungsverlauf (Verlegungsreservierung) ist nicht die eigentliche Leitung, sondern nur die Geometrie mit welcher der Verlauf gesteuert und

dargestellt wird. Die eigentliche Leitung wird später über diese Verlegungsreservierung (englisch ➜ Run) gelegt.

Create an offset route

Zum Erzeugen einer Offsetleitung. Damit ist gemeint, dass eine parallel verlaufende Leitung mit einem bestimmten Abstand dupliziert wird.

Route from spline

Es ist möglich, einen starren Leitungsverlauf über eine Spline abzuleiten.

Break an existing run into two runs

Ein bestehender starrer Leitungsverlauf (Run) kann aufgebrochen und in zwei Segmente geteilt werden.

Transfer run to a different document

Mit dieser Funktion ist es möglich, einen starren Leitungsverlauf (Run) einem neuen Arbeitspaket zuzuordnen. In der nebenstehenden Abbildung ist der linke Strukturbaum die Ausgangsbasis und im rechten Baum

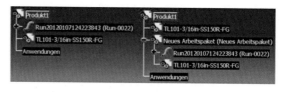

erkennt man den Leitungsverlauf mit dem neu angelegten Arbeitspaket (Produkt).

Flexible tube routing

Diese Funktion ermöglicht es, flexible Leitungen zu erstellen. Im Unterschied zu starren Leitungen wird hier nicht zuerst eine Verlegungsreservierung (Run) und im Anschluss daran die Leitung darauf platziert, sondern sofort die flexible Leitung erstellt.

Flexible bundle routing

Es wird ein vereinfachtes Bündel erstellt. Mehrere Leitungen mit einem gemeinsamen Verlauf werden zu einer Leitung mit einem größeren Durchmesser zusammengefasst und trennen sich später wieder. Mit dieser vereinfachten Darstellung kann zum Beispiel auf einen Paralellverlauf von flexiblen Leitungen verzichtet werden.

Manage local slack

Diese Funktion bietet die Möglichkeit, einen Durchhang zwischen zwei Knotenpunkten einer flexiblen Leitung zu definieren.

Manage flexible bundle

Damit können flexible Parallelverläufe bearbeitet bzw. aufgelöst werden. Das bedeutet der assoziative Parallelverlauf entlang einer flexiblen Masterleitung wird aufgelöst und die Leitung ist wieder eigenständig zu handhaben.

Place Tubing Part

Mit dieser Funktion werden Tubing-Teile (Tubing Parts) wie zum Beispiel T-Stücke, Ventile, Schraubverbindungen usw., die in einem Katalog abgelegt sind, platziert und verbaut.

2.3.4 Build Create Toolbar

Build Tubing Part

Zum Definieren eines Tubing-Teiles.

Hinweis: *Parametrisiertes Tubing-Teile mit unterschiedlichsten leitungsrelevanten Spezifikationen und Anschlussverbindungen (Connectoren), sind meistens in einem Katalog gespeichert.*

Build Connector

Es kann eine Verbindung (Connector) an jedem beliebigen Bauteil definiert werden.

Set Object Type

Damit kategorisiert man ein Tubing-Teil in einem Katalog nach unterschiedlichen Anwendungen, wie zum Beispiel Verzweigung, Rohrkrümmer, Anschluss-Stück, Flansch oder ein Schweißteil usw.

2.3.5 Line ID Management Toolbar

Für den Konstrukteur ist im Wesentlichen nur die Funktion für die Auswahl der Line ID interessant. Wie Line IDs erstellt, importiert oder umbenennt werden können, ist die Aufgabe des Administrators. Aus diesem Grund wird nur diese eine Funktion beschrieben.

Select/Query Line ID

Zum Auswählen der für die Konstruktion benötigten Line ID.

2.3.6 General Design Toolbar

Snap

Die Funktion ist vom Prinzip die gleiche wie im Assembly Design, nur die Auswahlreihenfolge ist etwas anders. Mit dieser Funktion können auch Bauteile platziert und ausgerichtet werden.

Snap Three Points

Ein Bauteil kann einfach an den Kreismittelpunkt, welcher sich durch die Selektion von drei Punkten ergibt, platziert werden.

Snap Center of Polygon

Das selektierte Bauteil wird direkt auf den Mittelpunkt eines Polygons platziert. Dazu muss nur das Polygon selektiert werden und der Mittelpunkt wird automatisch ermittelt.

Snap Surface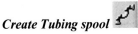

Mit dem Kompass eine Ebene definieren und das selektierte Bauteil wird an der Ebene ausgerichtet und am Kompass-Ursprung platziert.

2.3.7 Sonstige Toolbars

Create Tubing spool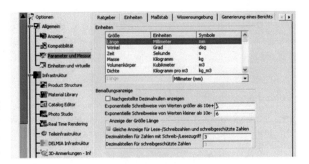

Eine Tubing Spool ist eine Gruppe von Objekten, so wie ein Assembly eine Gruppe von Komponenten oder Bauteilen ist. Mit dieser Funktion können verschiedene Objektgruppen erzeugt werden. Im rechten Bild ist eine Gruppe von Objekten orange hervorgehoben.

Aktualisierung erzwingen

Mit dieser Funktion kann eine Aktualisierung oder Update erzwungen werden, falls keine automatische Aktualisierung durchgeführt wurde.

2.4 Einstellungen und Settings

Vor der Konstruktion ist es immer von Vorteil, die wichtigsten Einstellungen und Settings in den Optionen vorzunehmen, um ein einheitliches und komfortables Arbeiten zu ermöglichen.

2.4.1 Allgemeine Settings

Eine der ersten Einstellungen sind die **Einheiten**. Es ist sehr wichtig in einem Projekt mit gleichen Einheiten zu arbeiten. Die wichtigsten zwei Größen für das Arbeiten mit Tubing sind die Länge und die Fläche. Die *Länge* sollte mit der Einheit *Millimeter* und die Fläche mit *Quadratmil-*

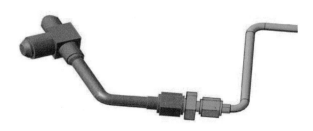

limeter definiert sein. Die Einstellungen sind unter dem Klappmenü *Tools > Optionen > All-gemein > Parameter und Messungen > Einheiten* vorzunehmen.

Da bei Tubing gelegentlich mit **Parameter** und Formeln gearbeitet wird, sollten auch dazu die nötigen Einstellungen vorgenommen werden, damit diese im Strukturbaum ersichtlich sind. Über *Tools > Optionen > Infrastruktur > Teileinfrastruktur > Anzeige* findet man die Einstellungmöglichkeiten, um Parameter und Beziehungen im

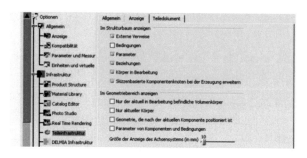

Strukturbaum sichtbar zu machen. Durch das Selektieren der Option wird sie aktiviert oder deaktiviert.

2.4.2 Tubing Settings

Auch für die Tubing-Arbeitsumgebung ist es hilfreich, einige Einstellungen im Vorhinein zu machen, um sich die Arbeit zu erleichtern. Die Einstellungen sind individuell und es sollte jeder selbst entscheiden, welche Optionen eine Hilfe und welche eher eine Behinderung dar-stellen.

Eine wichtige Einstellung ist die Definition des **Gitternetzes**. Dabei sollte das Gitterintervall auf die Kon-struktion angepasst sein, für kleine Konstruktionen ein feineres und für größere ein gröberes Gitterintervall. Als Standardwert ist ein Intervall von 100 mm definiert. Für die Übungs-zwecke in diesem Buch, empfiehlt es sich ein Gitternetz von ca. 5 mm zu definieren. Auch der Einrastwinkel

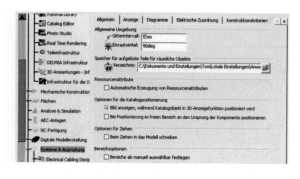

kann definiert werden, wenn gewünscht. Die Einstellungsmöglichkeiten sind unter dem Klappmenü *Tools > Optionen > Systeme & Ausrüstung > Allgemein* zu finden. Bei *Allgemei-ne Umgebung* können das Gitterintervall und der Einrastwinkel definiert werden.

Hinweis: *Das Gitterintervall kann auch direkt in der Toolbar General Environment Tools definiert werden, jedoch stellt sich nach dem Beenden der Sitzung wieder das unter den Optionen definierte Rasterintervall ein.*

Ist es für den Konstrukteur eine Hilfe, Informationen über ein Bauteil zu erhalten wenn bestimmte Leitungsfunktionen wie zum Beispiel *Place Tubing Part* oder *Create an offset route* ausgeführt werden, dann ist der **Analysemodus** in den Optionen aktiv zu setzen. Zu finden ist die Option unter *Tools > Optionen > Systeme & Ausrüstung > Anzeige*.

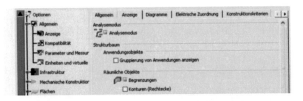

Die Option hat die gleiche Funktionalität wie die Funktion

Element analysieren 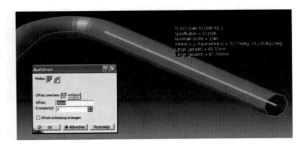, nur das diese dazu nicht extra ausgeführt werden muss, um Informationen zu erhalten. In der Abbildung wird eine Leitungsfunktion (in diesem Fall ein Offset) erstellt und gleichzeitig wird

eine Information über das vom Cursor überfahrene Bauteil ausgegeben.

Sollen die Anschlussverbindungen von den Leitungen, Tubing-Teilen oder die 3D-Achse standardmäßig sichtbar sein, dann können diese Funktionen (*Teileverbindungsstücke, 3D-Achse*) in den Optionen unter *Tools > Optionen > Systeme & Aus-rüstung > Anzeige* aktiviert werden. Die Farbe der Verbindungen (Connectoren) kann, wenn gewünscht, geändert werden.

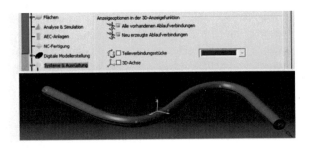

2.5 Arbeiten im Cache-Modus

Im Cache-Modus werden keine technologischen Daten von Objekten geladen und deshalb ergeben sich kürzere Lade- und Ausführungszeiten. Aus diesem Grund ist es vor allem bei großen Baugruppen von Vorteil im Cache-Modus zu arbeiten. Der Cache-Modus hat jedoch auch seine Tücken die im Anschluss beschrieben werden.

2.5.1 Platzieren von Objekten

Beim Platzieren von Tubing-Teilen aus einem Katalog im Cache-Modus ist es nicht möglich, diese auf eine Verbindung (Connector) oder Leitung zu platzieren, weil die technologischen Daten für die Verbindung und Leitung nicht geladen sind. Das bedeutet, die Daten müssen vom Darstellungsmodus in den Entwurfsmodus gebracht werden. Dazu wählt man die Funktion

Element analysieren , selektiert das Bauteil und es wird in den Entwurfsmodus geladen.

Erst jetzt sind alle Daten vorhanden, die Anschlussverbindung sichtbar und das Teil kann richtig platziert werden.

Hinweis: *Damit überhaupt im Cache-Modus gearbeitet werden kann, muss dieser in den Optionen aktiviert sein (Tools > Optionen > Infrastruktur > Produktstruktur > Cacheverwaltung).*

2.5.2 Verzeichnis für CATCache definieren

Ein weiterer wichtiger Hinweis ist es, den Speicherort für den CATCache zu definieren. In diesem Verzeichnis sind die Konstruktionselemente, die im Cache-Modus geladen werden, als CGR-Daten gespeichert. Ist der Dateiname eines Elementes zu lang, ist 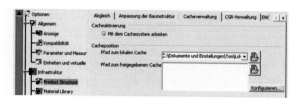 die Anzeige nicht richtig. Deshalb ist es empfehlenswert diesen Namen so kurz wie möglich zu halten. Die Definition für das CATCache-Verzeichnis ist in der Cacheposition unter dem Klappmenü *Tools > Optionen > Infrastruktur > Produktstruktur > Cacheverwaltung* vorzunehmen.

2.5.3 Drahtmodelle im Cache-Modus

Auch Drahtmodelle sind im Cache-Modus nicht sichtbar und somit nicht selektierbar. Soll die Geometrie auch im Cache-Modus sichtbar sein, muss 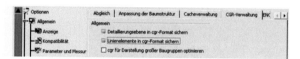 in den *Tools > Optionen > Infrastruktur > Produktstruktur > CGR-Verwaltung* unter Allgemein die Option *Linienelemente in cgr-Format sichern* aktiv sein.

2.6 Projektmanagement – Line ID

Bis jetzt ist der Ausdruck Line ID schon mehrmals vorgekommen, jedoch noch nie konkret erläutert worden. Die Line ID ist ein wesentlicher Bestandteil von Tubing und wird bei jeder Leitung benötigt. Aber was genau ist eine Line ID?

Mit dieser Line ID wird eine Leitung identifiziert. Diese IDs sind in Katalogen abgelegt und enthalten alle wichtigen Informationen wie zum Beispiel die nominale Größe, den Mindestbiegeradius, die Leitungskategorie, den Werkstoff, die Betriebstemperatur usw. Die Line IDs werden also von einem Administrator definiert und im Projektmanagement abgelegt. Da sich der Inhalt in die-

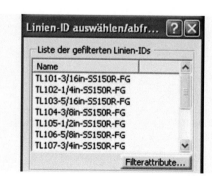

sem Buch an die Konstruktionsmethodik und nicht an die Projektadministration richtet, wird das Erstellen von Line IDs nicht weiter erläutert.

Hinweis: *In dem gesamten Buchverlauf wird immer mit den Standard Line IDs gearbeitet. Diese sind eigentlich aus ihrer Bezeichnung heraus nur für starre Leitungen definiert, werden in diesem Fall, zwecks der Einfachheit, aber auch für flexible Leitungen verwendet. Die Einheiten sind in Inch definiert.*

Was bedeutet die Line ID für den Konstrukteur? Stellt man sich vor es gäbe keine Line IDs, dann müsste man alle für eine Leitung relevanten Parameter bei jeder Leitung manuell bestimmen und definieren. Das würde viel zusätzliche Arbeit, Aufwand und ein erhöhtes Fehlerpotential bedeuten. Aus diesem Grund sind alle wichtigen Informationen in dieser ID gespeichert, die das System für das korrekte Erstellen einer Leitung benötigt. Daraus ergibt sich nun die logische Schlussfolgerung, dass zuerst eine Line ID ausgewählt werden muss, damit man eine Leitung konstruieren kann.

Projektmanagement ist ebenfalls ein wichtiges Stichwort. Bevor der Konstrukteur ein Projekt startet, müssen alle notwendigen Rahmenbedingungen geschaffen werden. Das bedeutet, der Projektleiter oder Administrator muss im Projektmanagement ein neues Projekt anlegen. Darin

sind alle nötigen Ressourcen sowie Konstruktionsmöglichkeiten festgelegt. Genauso darin enthalten sind die Line IDs. Im Klappmenü unter *Tools > Project Management > Select/Browse* öffnet sich das Dialogfenster *Verwaltung von Projektressourcen* in dem das gewünschte Projekt selektiert werden kann. Für die späteren Übungen wird immer mit dem CATIA Standard-Projekt *CNEXT* konstruiert.

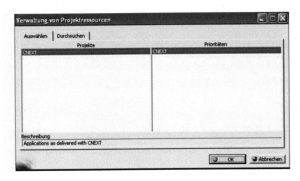

3 Flexible Leitungen – Grundlagen

Das Thema flexible Leitungen ist in zwei Kapitel aufgeteilt. Das ist notwendig, um den Zusammenhang bzw. Unterschied, mit und ohne Verbindungselemente (Connectoren) zu konstruieren, besser zu verstehen. In den Grundlagen wird ein Überblick über die Toolbar und die verschiedenen Möglichkeiten zur Erstellung von flexiblen Leitungen vermittelt. Das ist die Voraussetzung, um auch weitere Kapitel wie zum Beispiel Verbindungselemente (Connectoren) besser zu verstehen. Das Kapitel „Fortgeschritten", beschäftigt sich dann näher mit dem Aufbau des Strukturbaumes, assoziativen Abhängigkeiten und der Modifikation von flexiblen Leitungen.

Die Konstruktion von flexiblen Leitungen arbeitet mit der Funktion *Flexible tube routing* . Bevor jedoch mit der Konstruktion begonnen werden kann, muss das richtige Projekt (CNEXT) im Projektmanagement definiert sein. Erst dann stehen die für das Projekt vorhandenen Ressourcen (zum Beispiel Line IDs) zur Verfügung. In diesem Fall wird immer mit dem Standard-Projekt (CNEXT) und den Standard-Line IDs gearbeitet.

Vor der Konstruktion muss jetzt eine Line ID mit der Funktion *Line ID auswählen* aus dem Dialogfenster selektiert werden. Nach der Selektion schließt man das Dialogfenster mit OK, das heißt ab diesem Zeitpunkt sind jetzt alle leitungsrelevanten Informationen wie Nominaler Durchmesser, Biegungsradius usw. definiert und eine Leitung kann konstruiert werden. Durch das Selektieren der Funktion *Flexible tube routing* öffnet sich das Dialogfenster *Flexibles Teil verlegen*. In diesem Fenster sind alle relevanten Funktionen und Optionen für die Erstellung einer flexiblen Leitung enthalten. Dieses sehr umfangreiche Dialogfenster, wird jetzt mit seinen die wichtigsten Funktionen und unterschiedlichen Erstellungsalgorithmen näher vorgestellt.

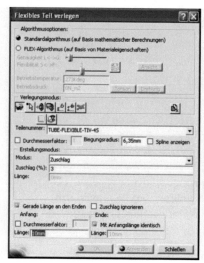

3.1 Verlegungsmodus

Im Verlegungsmodus stehen verschiedene Filter für die Selektion der
Verbindungen und Knotenpunkte zur
Auswahl. Die wichtigsten werden
jetzt beschrieben.

Mit der Filter Funktion *Auswählen oder Angeben* 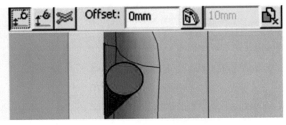 können verschiedene geometrische
Elemente selektiert werden. Es gibt also keine konkrete Filterung zwischen Verbindung (Con-
nector) oder 3D-Punkt.

Mit dem Filter *Nur 3D Punkt auswählen* werden alle 3D-Punkte gefiltert und alle anderen
geometrischen Elemente können nicht selektiert werden. Es ist nicht möglich, zum Beispiel
eine Verbindung zu selektieren.

Der Filter *Nur einen Anschluss auswählen* ermöglicht es, nur Verbindungen also
Connectoren zu selektieren. Das ist besonders dann hilfreich, wenn in großen Baugruppen
Verbindungen (Connectoren) ausgewählt werden müssen.

Sollen alle definierten Verbindungen eines Teiles aufgezeigt werden, dann erfolgt das mit dem

Filter *Dialogfenster für Teileanschluss* . Nach der Auswahl des Filters selektiert man das
gewünschte Tubing-Bauteil und es
werden alle Verbindungen in dem
Dialogfenster detailliert aufgelistet.
Die im Dialogfenster selektierte Verbindung wird am Bauteil mit einem
orangen Pfeil hervorgehoben. So ist
es   möglich   die   Verbindungen
(Connectoren) über eine Liste und
nicht über die Geometrie auszuwählen.

Des Weiteren gibt es auch zwei Möglichkeiten einen Knotenpunkt über ein Offset zu erstellen.
Die erste Möglichkeit *Offset für Un-*

terseite ist ein Offset, das sich
auf die Unterseite bzw. der Leitungshüllgeometrie referenziert. Der Leitungsmittelpunkt ergibt sich also
immer aus Radius plus Offsetwert. In
der rechten Abbildung wurde genau

in einem Knotenpunkt ein Schnitt durchgeführt und es ist deutlich zu erkennen, dass das Offset zwischen der Leitungshüllgeometrie und der grauen Referenzfläche null Millimeter beträgt.

Hinweis: *Lassen Sie sich in diesem Fall nicht vom Cursor irritieren. Er zeigt immer den Leitungsmittelpunkt und nicht den Punkt auf der Leitungshülle! Daraus folgt, dass auch bei einem Offset von null Millimeter immer noch der Radius dargestellt wird. Wie in der rechten Abbildung liegt der Knotenpunkt bei einem Offset mit null Millimeter nicht auf der orangen Referenzfläche, sondern in einem Abstand abgehoben der dem Radius gleicht.*

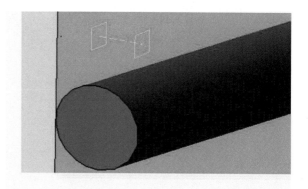

Bei der Funktion *Offset für Mittelpunkt* referenziert sich das Offset immer auf den Leitungsmittelpunkt. Möchte man mit dieser Funktion das gleiche Resultat wie bei der Funktion

Offset für Unterseite , nämlich dass die Leitungshülle die orange Referenzebene berührt, dann muss der Offsetwert dem Querschnittsradius der Leitung entsprechen.

Für beide Offsetfunktionen gibt es noch die Möglichkeit *Offset ab einer Referenzebene* . Dabei ist eine Referenzebene mit dem Kompass für das Offset zu definieren.

Die Funktion *Rohr folgen* bietet die Möglichkeit einen Parallelverlauf zu konstruieren. Da diese Funktion doch etwas umfangreicher ist, wird sie später detailliert erläutert und mit einer Übung vertieft.

Für die Definition des Biegungsradius bei flexiblen Leitungen gibt es zwei Möglichkeiten,

entweder mit Hilfe eines *Durchmesserfaktors* `Durchmesserfaktor: 1` oder dem Biegungsradius selbst. Beim Durchmesserfaktor setzt sich der Biegungsradius aus dem Leitungsdurchmesser multipliziert mit dem Durchmesserfaktor zusammen. Für ein besseres Verständnis ein Beispiel: Eine pneumatische Leitung mit einem Leitungsdurchmesser von 12 mm darf nicht geknickt werden. Aus diesem Grund wird vom Hersteller ein Mindestbiegungsradius vorgeschrieben, um die volle Funktionalität der Leitung zu gewährleisten. In diesem Fall nennt der Hersteller als Mindestbiegungsradius den vierfachen Durchmesserfaktor. Das bedeutet also, die Leitung darf den Mindestbiegungsradius von 48 mm nicht unterschreiten.

Beim *Biegungsradius* wird der Wert direkt definiert ohne diesen mit einem Faktor zu beschreiben.

Die Funktion *Spline anzeigen*
 im Verlegungsmodus dient dazu die Leitungsspline bei der Leitungserstellung darzustellen. Das heißt, es wird die Mittelline der Leitung, also die Spline, sichtbar gemacht wie es im Bild dargestellt ist, links ohne und rechts mit sichtbarer Spline.

3.2   Erstellungsmodus

Beim Erstellen einer flexiblen Leitung unterscheidet man zwischen drei verschiedenen Modi. Das sind

- der Zuschlag (Slack)

- die Länge

- und die Biegung.

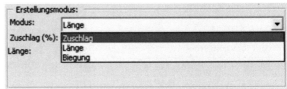

Der **Zuschlag** (Slack) beschreibt den prozentualen Mehrbedarf der Spline gegenüber dem kürzesten Leitungsverlauf, der durch die definierten Knotenpunkte definiert ist. In der Abbildung wird der Unterschied zwischen einem Zuschlag von null und fünf Prozent dargestellt. Die Gesamtlänge der rechten Leitung ist also um fünf Prozent länger als die linke Leitung in der neben angeführten Abbildung.

Hinweis: *Der Zuschlag bezieht sich immer auf die Gesamtlänge der Leitung. Bei der Erstellung der Leitung empfiehlt es sich oft einen kleinen oder Null-Zuschlag zu verwenden, weil bei größeren Zuschlägen gelegentlich die Leitung nicht erstellt werden kann. Es ist besser, wenn erst nach der Konstruktion die Leitung mit einem lokalen Zuschlag modifiziert wird. Die Funktion Lokaler Zuschlag wird in einem späteren Kapitel noch genauer erläutert.*

Bei der Option Länge wird die Gesamtlänge in Millimeter definiert. Ein Anwendungsbeispiel ist, wenn man von einem Hersteller eine Leitung mit einer fixen Länge zukauft und diese dann verbauen muss. Dann ist es am besten diese mit dem Modus Länge zu konstruieren.

Biegung: Dabei werden die Kreise der Leitung mit gleich bleibenden Radien ausgeführt.

3.3 Die Enden der Leitung

Im unteren Feld des Dialogfensters für die Erstellung einer flexiblen Leitung gibt es noch verschiedene Möglichkeiten für die Ausführung der Leitungsenden. Mit der Option *Gerade Länge an den Enden* kann

der Anfang und das Ende einer flexiblen Leitung gerade dargestellt werden. Die Definition dieser Längen kann über die Länge in Millimeter oder mit einem *Durchmesserfaktor* erfolgen. Das heißt, bei zum Beispiel einen Durchmesserfaktor Drei und einem Leitungsdurchmesser von 10 mm, dass die Länge des geraden Endes 30 mm ist.

Der Anfang und das Ende der Leitung kann unterschiedlich definiert werden, es sei denn, die Funktion *Mit Anfangslänge identisch* ist aktiv, dann wird die Länge der Anfangsgeraden für die Endgerade übernommen. Mit der rechten Abbildung wird die Funktion Gerade Längen an den Enden mit unterschiedlichen Geraden Längen von 30 mm und 60 mm gezeigt.

Hinweis: *Die Funktion Gerade Längen an den Enden funktioniert nur dann, wenn mit Verbindungen (Connectoren) gearbeitet wird.*

3.4 Standard-/Flex-Algorithmus

Durch die Auswahl der verschiedenen Algorithmen wird der Verlauf der flexiblen Leitung beeinflusst. Mit diesen zwei Algorithmen bestimmt man, ob die Leitung auf mathematischer oder materieller Basis erstellt werden soll. Die Auswahlmöglichkeiten dieser beiden Funktionen findet

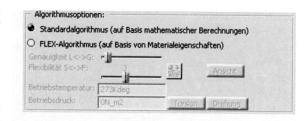

man im oberen Abschnitt des Dialogfensters für flexible Leitungen.

Beim **Standardalgorithmus** basiert die Berechnung und Darstellung der Leitung auf mathematischer Basis. Die Beispiele in diesem Buch werden immer mit diesem Algorithmus erstellt.

Der **Flex-Algorithmus** hingegen basiert auf den unterschiedlichen Materialeigenschaften. Es ist möglich die Gravitation, eine Betriebstemperatur (Referenztemperatur) und einen Betriebsdruck zu berücksichtigen.

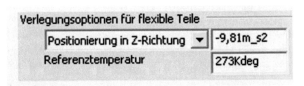

Die Gravitation kann im Klappmenü unter *Tools > Optionen > Systeme & Ausrüstung > Konstruktionskriterien* bei den *Verlegungsoptionen für flexible Teile* definiert werden. Mit der Positionierung in z-, y- und x-Richtung wird die Richtung der Gravitation und ein Wert mit der Einheit [m/s²] definiert. Die Referenztemperatur beschreibt die Ausgangstemperatur in Grad Kelvin. Alle diese Einflüsse wie die Temperatur, der Druck, die Gravitation und das Material wirken sich unterschiedlich auf den Leitungsverlauf aus. Aus diesem Grund werden im Anschluss die Unterschiede zwischen den Algorithmen und verschiedenen Einflüssen an Beispielen grafisch dargestellt, um diese besser zu visualisieren.

Beim Flex-Algorithmus ist eine Genauigkeitsunterteilung in zehn Stufen möglich. In diesem Fall muss immer ein Kompromiss zwischen der Leistung (L) und der Genauigkeit (G) eingegangen werden. Die Flexibilität wird in sechs Stufen unterteilt. Man unterscheidet dabei zwischen *sehr steif* (S) und *flexibel* (F). Mit der Funktion *Ansicht* neben den Flexibilitätseinstellungen kann man die jeweiligen Materialeigenschaften die jeder Stufe (aktueller Index) zugeordnet sind, ablesen.

Soll das Leitungsverhalten mit einem konkreten Material untersucht werden, dann muss über den Materialkatalog das Material zugeordnet werden . Dazu muss die Funktion *Material verwenden, das dem Teil zugeordnet ist*  selektiert werden.

Hinweis: *Das Material muss direkt dem Teil (Part) zugeordnet sein. Also im Strukturbaum auf gleicher Ebene wie der Double (Körper).*

Folgend werden jetzt Beispiele mit unterschiedlicher Flexibilität, Temperatur, Betriebsdruck, Torsion und Drehung gezeigt und die verschiedenen Einflüsse visualisiert. In der rechten Abbildung sind zwei verschiedene Leitungen mit den unterschiedlichen **Logarithmen** überlagert dargestellt. Die blaue Leitung wurde mit dem Standard- und die orange Leitung mit dem Flex-Algorithmus erstellt. Man erkennt hier deutlich den Einfluss der Materialeigenschaften.

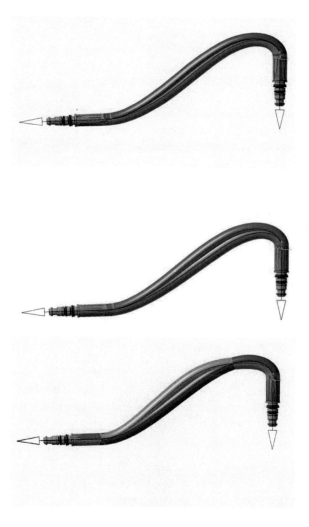

Im nächsten Beispiel wurde mit der **Flexibilität** experimentiert. Beide Leitungen sind mit dem Flex-Algorithmus erstellt mit dem Unterschied, dass die blaue Leitung mit einem Flexibilitätsfaktor von eins und die orange mit einem Faktor von sechs erstellt worden ist. Das Ergebnis ist, dass die orange Leitung durch die höhere Flexibilität etwas mehr Durchhang als die blaue Leitung aufweist.

Auch die **Temperatur** spielt eine wesentliche Rolle für die Leitung. Das erkennt man an der rechten Abbildung. Für die blaue Leitung gilt die Standardtemperatur von 0 °C (273 K) während die orange Leitung einer Temperatur von -70 °C ausgesetzt ist.

Ein weiteres Kriterium in diversen Anwendungen ist der **Betriebsdruck** und sein Einfluss auf den Leitungsverlauf. Der Druck ist in der Einheit N/m² zu definieren. Bei der neben angeführten Abbildung herscht in der blauen Leitung ein Betriebsdruck von null und in der orangen ein Druck von 40 bar. In der Abbildung ist zu erkennen, dass sich durch den hohen Druck in der orangen Leitung ein geringerer Durchhang als bei null bar ergibt.

Weiter gibt es eine Funktion welche eine Torsion an einem Stecker oder Anschluss berücksichtigt. Dazu muss in den Algorithmusoptionen die Funktion *Torsion* **Torsion** selektiert werden. Im Anschluss öffnet sich ein Dialogfenster, in dem die Verbindungen der Leitung dargestellt werden.

Durch die Selektion dieser Punkte definiert man ob eine Torsion möglich ist oder nicht. Bei der obigen Abbildung ist eine Torsionsverdrehung am Punkt Eins und Zwei möglich. Mit OK

werden die Dialogfenster für die Torsionsverwaltung und der flexiblen Leitungsdefinition beendet. Bis jetzt ist keine Veränderung an der Leitung erkennbar. Erst wenn die Torsion an einer der Verbindungen (Punkten) durchgeführt wird, sind die Auswirkungen sichtbar. Die Verdrehung wird mit dem Kompass durchgeführt. Dazu platziert man diesen manuell oder über die Funkti-

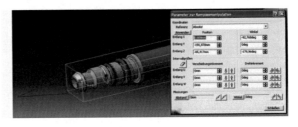

on *Automatisch an ausgewähltes Objekt anlegen* auf das Verbindungsbauteil. Die Verdrehung kann dann direkt mit der Maus oder über das Dialogfenster *Parameter zur Kompassmanipulation* durch Winkelwerte gesteuert werden.

Für eine Demonstration wird an dem Anschluss 2 (Punkt 2) eine Torsionsverdrehung gegen den Uhrzeigersinn durchgeführt. In der Abbildung ist die Auswirkung der Torsion an der orangen Leitung gegenüber der blauen Leitung ohne Torsion klar sichtbar.

Hinweis: *Die Funktion Torsion funktioniert nur, wenn im Flex-Algorithmus und mit Verbindungselementen (Connectoren) gearbeitet wird. Das Thema Verbindungen wird in Kapitel 4 erläutert.*

Es kann sich in verschiedenen Verbauungssituationen immer wieder ein ungünstiger Leitungsverlauf ergeben, der negative Auswirkungen (Knickung, Schlauch wird auf Torsion beansprucht) an bestimmten Positionen der Leitung bzw. Befestigungsflächen hervorrufen kann. In diesem Fall ist die Leitung einem Stress ausgesetzt. Damit dieser Stress auf Leitungen verringert werden kann,

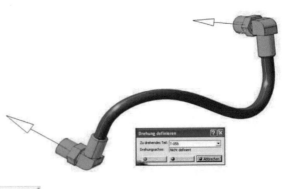

gibt es die Funktion *Drehung* **Drehung** die ebenfalls in den Algorithmusoptionen zu

finden ist. Betrachtet man die Leitung
in der rechten Abbildung dann ist
schnell zu erkennen, dass dies nicht
der optimale Verlauf ist und die Leitung mit hoher Wahrscheinlich einem
„Stress" ausgesetzt ist. Durch das
Selektieren der Funktion *Drehung*
öffnet sich das Dialogfenster
Drehung definieren. In diesem Fenster soll jetzt das Verbindungsteil an
welchem eine Drehung durchgeführt
werden kann, für einen stressfreien

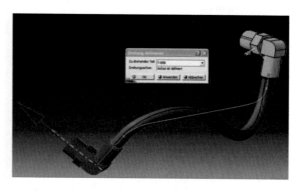

Verlauf ausgewählt werden. Dazu wird über das Klappmenü unter *Zu drehendes Teil* das
gewünschte Element selektiert und die Geometrie mit einer dunklen Farbe hervorgehoben. Im
Anschluss muss die Drehachse definiert werden, um welche das Verbindungselement
(Connector) gedreht werden darf. Ist die Achse selektiert wird ein stressfreier Verlauf durch
eine Spline dargestellt. Mit OK können die Dialogfenster für die Drehung und der flexiblen
Leitung beendet werden, um den neuen optimalen Leitungsverlauf zu erzeugen.

Hinweis: *Die Funktion Drehung steht nur dann zur Auswahl wenn die Leitung mit
Verbindungen (Connectoren) und Tubing-Teilen erstellt wurde. Connectoren und Tubing-Teile
werden später im Kapitel 4 behandelt.*

3.5 Übung 1 - Einfache Leitung mit Punkten

Bei diesem Übungsbei-
spiel wird jetzt eine flexible Leitung erstellt.
Das soll einen ersten
Eindruck und ein Gefühl
für die   flexible Lei-
tungsverlegung vermit-
teln. Diese Übung ist
ebenso die Grundlage für
das nächste Kapitel *Ver-
bindungen*.

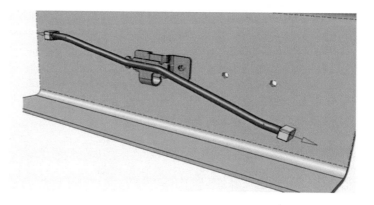

Ziel: Es soll eine Leitung mit vordefinierten Start und Endpunkten konstruiert werden. Die
Leitung wird dazwischen über einen Halter, der an einem Längsträgerprofil befestigt ist, geführt.

Hinweis: *Es soll an dieser Stelle darauf hingewiesen werden, dass die folgende Methodik
keine optimale ist, jedoch das Ziel hat, dem Leser die Vorteile einer später erläuterten Methodik mit Verbindungen besser aufzuzeigen.*

Tubing Arbeitsumgebung starten

⇨ *Start > Systeme & Ausrüstung > Tubing Discipline > Tubing Design*

⇨ Das Tubing-Beispiel *Übung 1* laden

Projektressourcen auswählen

⇨ Im Klappmenü *Tools > Project Management > Select/Browse* das entsprechende Projekt selektieren. In diesem Fall wird das Standard-Projekt *CNEXT* ausge-

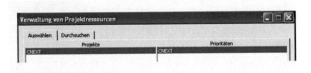

wählt. Jetzt sind alle vom Projektleiter oder Administrator zur Verfügung gestellten Ressourcen für die Leitungsverlegung vorhanden.

Line ID auswählen

⇨ Mit der Funktion *Select/Query*

Line ID  wird die gewünschte Line ID im Dialogfenster selektiert. Für diese Übung wird eine Leitung mit einem Durchmesser von ½ inch benötigt. Das bedeutet, aus den Standard Line IDs wird die ID *TL105-1/2in-SS150R-FG* selektiert und das Dialogfenster mit OK beendet. Jetzt sind vorerst al-

le leitungsrelevanten Definitionen abgeschlossen und es kann mit der eigentlichen Konstruktion der Leitung begonnen werden.

Flexible Leitung verlegen

⇨ Über die Funktion *Flexible tube routing* 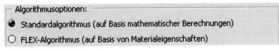 öffnet sich jetzt das Dialogfenster *Flexibles Teil verlegen*.

⇨ Die Leitung wird mit dem Standardalgorithmus konstruiert.

⇨ Der Startpunkt für die Leitung ist ein vordefinierter 3D-Punkt. Aus diesem Grund wird die

Filterfunktion *Nur 3D-Punkt auswählen* 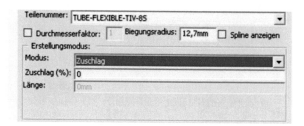 selektiert. Somit kann man sich seiner Selektion des 3D-Punktes sicher sein.

Hinweis: *Es kann auch die Filterfunktion Auswählen oder Angeben* 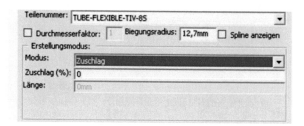 *selektiert werden,
nur muss man sich darüber bewusst sein, dass diese Funktion verschiedene geometrische Ele-
mente zulässt.*

⇨ Durch die Line ID ist der Biegungsradius definiert und es
muss jetzt noch ein Erstellungsmodus gewählt werden. In diesem Fall wählt man den Modus
Zuschlag mit einem definierten
Wert von *Null Prozent.*

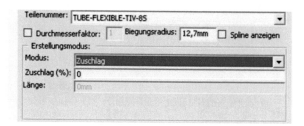

⇨ Nachdem alle wichtigen Einstellungen vorgenommen wurden,
kann jetzt mit der eigentlichen
Selektion der Punkte zur Definition des Leitungsverlaufes begonnen werden. Am Anschlussteil wird der erste und zweite
vordefinierte Punkt (violett) mit
der linken Maustaste selektiert.
Der Leitungsverlauf zwischen

den Punkten wird mit einer grünen Linie dargestellt. Das ergibt eine bessere Visualisierung
und Übersicht des Verlaufes.

⇨ Im nächsten Schritt müssen die beiden Befestigungspunkte der Leitung am Halter erstellt
werden. Das funktioniert am schnellsten mit den Offsetfunktionen. Die Leitung soll am

Halter aufliegen, deshalb ist die Offsetfunktion *Offset für Unterseite* am besten geeignet. Es wird ein Offset von
Null Millimeter definiert und mit
der Eingabe-Taste bestätigt.

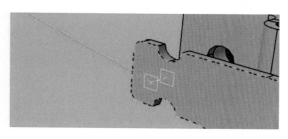

⇨ Im Anschluss muss jetzt mit dem
Cursor die Position des Punktes
definiert werden. Die Leitung ist
mit Befestigungsbinder jeweils
an den halbkreisförmigen Aus-

schnitten am Halter befestigt. Der Cursor wird also ungefähr zwischen die beiden Ausschnitte bewegt. Durch einen linken Mausklick wird die Position bestätigt und ein Punkt erstellt.

⇨ Im nächsten Schritt muss der zweite Befestigungspunkt für die Leitung zwischen den halbkreisförmigen Ausschnitten definiert werden. Der Cursor wird an die gewünschte Stelle bewegt und durch einen Mausklick die Position für einen neuen 3D-Punkt definiert.

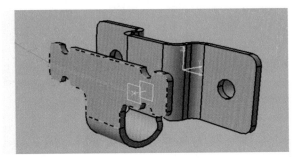

⇨ Nach dem Halter wird die Leitung wieder zu einem Anschlussteil wie am Leitungsbeginn geführt. Am Stecker sind wieder 3D-Punkte vordefiniert und deshalb wird die Filterfunktion *Nur 3D-Punkt auswählen* selektiert.

⇨ Der Verlauf kann jetzt vom Halter weiter auf den nächstfolgenden Stecker definiert werden. Dazu müssen die beiden vordefinierten 3D-Punkte (violett) am Stecker selektiert werden. Es ist jetzt ein durchgängiger Leitungsverlauf

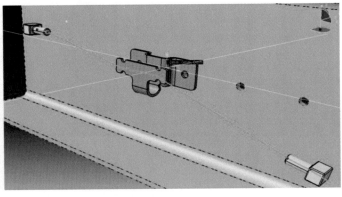

(grün) vom ersten Steckerteil über den Halter zum zweiten Steckerteil (gelb) erkennbar.

⇨ Ist der Verlauf OK und sind alle notwendigen Punkte definiert, kann das Dialogfenster *Flexibles Teil verlegen* mit OK beendet werden. Erst jetzt wird aus der Linienkonstruktion eine Volumen-Leit-

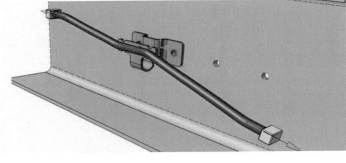

ungskonstruktion mit allen definierten Parametern.

Zum Abschluss der Übung kann noch ein wenig mit der Leitung experimentiert werden. Die vordefinierten 3D-Punkte sind assoziativ zur Leitung, das heißt wird der Stecker in seiner Lage und Position verändert passt sich die Leitung an.

⇨ Mit dem Kompass den Stecker beliebig verschieben und verdrehen. Die Leitung wird rot dargestellt. Das soll den Konstrukteur auf eine Aktualisierung der Leitung hinweisen.

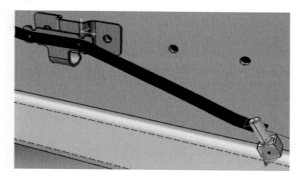

Hinweis: *Im Tubing wird bei der Selektion einer Komponente der maximal benötigte Raum mit einem grünen Rahmen dargestellt. Mit Hilfe dieses Rahmens können Komponenten schnell in verschiedene Richtungen verschoben werden. Jede der Rahmenlinien gibt die Richtung für die Verschiebung an. Zum Verschieben wird eine Rahmenlinie selektiert und mit gedrückter Maus verschoben.*

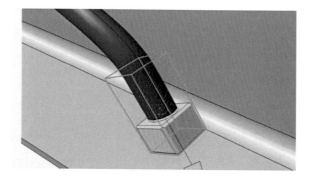

⇨ Mit der Funktion *Aktualisierung erzwingen* ⟳ wird die Leitung an den neu positionierten Stecker ausgerichtet. Das kann vor allem in einer Entwicklungsphase in der sich ständig Änderungen ergeben ein Vorteil sein. Die assoziative Abhängigkeit auf Geometrische Elemente wie zum Beispiel 3D-Punkte ist nur dann

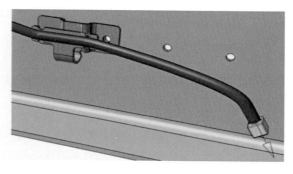

möglich wenn im Klappmenü *Tools > Optionen > Infrastruktur > Teileinfrastruktur > Allgemein > Externe Verweise* die Option *Externe Auswahl mit Verknüpfungen auf veröffentlichte Elemente beschränken* deaktiviert ist.

Hinweis: *Ist es gewünscht Abhängig-*
keiten (externe Verweise) nur auf
veröffentlichte Elemente zu erzeugen,
dann muss unter Tools > Optionen >
Infrastruktur > Teileinfrastruktur >
Allgemein > Externe Verweise die
Option Externe Auswahl mit Ver-
knüpfungen auf veröffentlichte Ele-
mente beschränken aktiviert werden. Für Tubing empfiehlt es sich jedoch diese Option nicht zu
aktivieren.

4 Verbindungen

Verbindungen (Connectoren) sind Verweise bzw. Abhängigkeiten zwischen zwei Komponenten. Es werden also Anschluss- oder Durchlaufpunkte definiert, die dann bei der Verlegung selektiert werden können. In den meisten Fällen wird es eine Verbindung zwischen einem Anschlussteil, Befestigungsteil und einer Leitung sein. Es ist aber genauso möglich mehrere Teile wie zum Beispiel ein Ventil mit einem T-Stück zu verbinden. Weiter unterscheidet man bei Tubing zwischen einer *mechanischen* und einer *Tubing-Verbindung* (Connector). Sie unterscheiden sich im Wesentlichen darin, dass eine mechanische Verbindung eine dumme Verbindung (Kapitel 4.1) und eine Tubing-Verbindung eine intelligente Verbindung ist. Bei Tubing-Verbindungen gibt es die Möglichkeit, Parameter, Eigenschaften und Spezifikationen zu definieren, das die Verbindung intelligent macht. Diese Definition erfolgt in einem Tubing-Teil.

Connectoren bieten also die Möglichkeit eine assoziative Verbindung mit einem oder ohne einen Vektor zwischen zwei Bauteilen herzustellen, wie es in der rechten Abbildung sichtbar ist. Das gelbe Bauteil ist das Verbindungsteil mit einem definierten Connector und die blaue transparente Leitung referenziert sich auf den am Anschlussteil definierten Connector. Bei der Leitungserstellung muss also nur die Verbindung (Connector) selektiert werden und die Leitung hat alle Informationen für den Startpunkt und die Richtung. Das Arbeiten mit Connectoren ist daher eine wesentliche Grundlage, um die Assoziativität und Flexibilität, welche die Tubing-Arbeitsumgebung bietet, zu nutzen. Wie Connectoren definiert werden können, zeigen die nächsten Seiten.

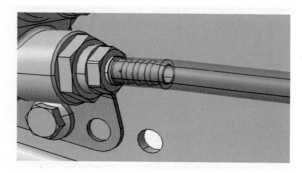

4.1 Definition einer mechanischen Verbindung an einem Teil

In diesem Abschnitt wird jetzt gezeigt, wie man eine einfache mechanische Verbindung definiert. Die Definition von Verbindungen ist immer nur in einem Produkt möglich. Das bedeutet, das Verbindungselement (Teil) muss einem Produkt in der Tubing-Arbeitsumgebung unter-

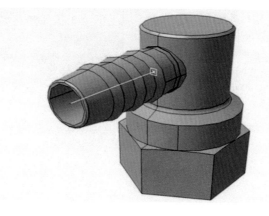

geordnet sein. Bei der Definition der Verbindung unterscheidet man noch zwischen der Definition mit *vorhandener* und *neuer Geometrie*.

4.1.1 Definition mit vorhandener Geometrie

Bei dieser Option müssen alle für die Verbindung notwendigen geometrischen Elemente vorhanden sein. In den meisten Fällen sind das der *Bezugspunkt (3D-Punkt)*, eine *Ebene* und eine *Linie*. Bevor also eine Verbindung definiert werden kann, müssen diese Elemente erstellt werden. Um zu verstehen, welchen Zweck diese geometrischen Elemente für die Verbindung haben, ist es notwendig zu wissen, was *Orientation, Ausrichtung* und *Fläche* im Sinne der Verbindung (Connector) bedeuten.

Für ein besseres Verständnis erfolgt die Erklärung durch ein Beispiel mit einer Uhr. Es soll eine Uhr in einem Büro aufgehängt werden. Die Uhr wird dazu an die Wand montiert, welche in unserem Fall die *geometrische Ebene* ist. Die Uhr wird natürlich so an die Wand befestigt, dass die Ziffer Zwölf nach oben zeigt. Das ist die *Orientation,* die später bei der Definition notwendig ist. Die *Ausrichtung* ist die Richtung der Ebene von der Uhr. Im Normalfall ist diese immer rechtwinklig zu der geometri-

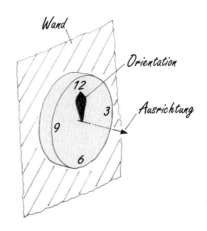

schen Fläche. Die Richtung sollte dabei immer vom Bauteil nach draußen und nicht in das Teil zeigen. Sind die geometrischen Elemente erstellt, kann mit der eigentlichen Verbindungs- bzw. Connectordefinition begonnen werden. Das entsprechende Bauteil, an welchem eine Verbindung definiert werden soll (in diesem Beispiel eine Winkeleinschraubung) muss einem Produkt untergeordnet und in *Bearbeitung* gesetzt sein. Jetzt kann aus der Arbeitsumgebung die Funktion Build connector selektiert werden. Es öffnet sich das Dialogfenster *Verbindungen*

verwalten. Im Anschluss wird das Verbindungsteil selektiert und im Dialogfenster bei *Produkt* wird der Teilename festgehalten. Mit der Funktion *Hinzufügen* im Dialogfenster leitet man den nächsten Schritt für die Verbindungsdefinition ein.

Im Dialogfenster *Verbindungen hin-zufügen* wird jetzt mit der vorhande-nen Geometrie eine Verbindung in vier Schritten definiert. Jedem Defi-nitionsschritt ist ein entsprechendes Icon zugeordnet. Die Reihenfolge der Definition und Auswahl der Icons erfolgt von links nach rechts.

Schritt 1 (Geometrie der Teileflächenverbindung auswählen)

Mit dem ersten Schritt wird die **Ebene** (im Beispiel mit der Uhr die Wand) selektiert. Nach der Selektion bleibt die Ebene am Bauteil, wie in der Abbildung dargestellt, orange markiert. Das bietet einen schnellen Überblick über die bereits selektier-ten Elemente.

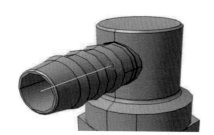

Schritt 2 (Geometrie der Ausrichtungsverbindung auswählen)

Im zweiten Schritt muss eine **Linie** bzw. Mittellinie zur Definition der Ausrichtung selektiert werden.

Hinweis: *Diese selektierte Linie muss rechtwinklig zu der in Schritt 1 definierten Ebene sein.*

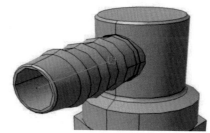

Schritt 3 (Geometrie der Ausrichtungsverbindung auswählen)

Bei diesem Schritt muss eine **Ebene**, die rechtwinklig zu der im ersten Schritt definierten Ebene ist, selek-tiert werden, um die Orientation zu definieren. In diesem Fall wird die *yz-Ebene* ausgewählt.

Hinweis: *Es kann auch eine Fläche an der Geometrie anstatt der Ebene selektiert werden.*

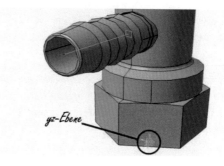

yz-Ebene

Schritt 4 (Geometrie für die Verbindung des Bezugspunktes auswählen)

In diesem letzten Schritt wird der Referenzpunkt für die Verbindung definiert. Es muss ein 3D-Punkt selektiert werden. In diesem Beispiel ist das der Mittelpunkt des Schlauchdornes. Mit der Definition des vierten Schrittes sind jetzt alle notwendigen geometrischen Elemente für eine Verbindung vorhanden. Bis zur Fertigstellung der Verbindung müssen im Menü *Verbindung klassifizieren* jedoch noch

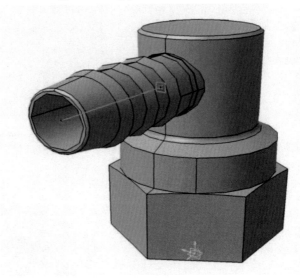

einige Einstellungen vorgenommen werden. Die wichtigsten Einstellungen sind die *Teilfläche* und die *Ausrichtung*.

Teilfläche: Es stehen die beiden Optionen Teilfläche und Bohrung zur Auswahl. Wird ein Connector an einem Verbindungsteil wie im vorigen Beispiel definiert, dann endet die Leitung an diesem Connector. Das heißt der Leitungsverlauf wird unterbrochen. In Fällen, wo die Leitung jedoch

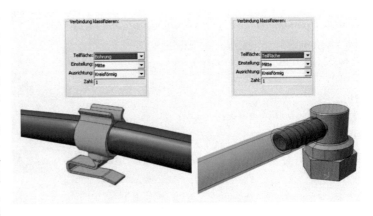

nicht unterbrochen, sondern wie zum Beispiel bei einem Befestigungsclip durchgeführt werden soll, muss die Option Bohrung selektiert werden. Damit ist der Unterschied zwischen beispielsweise einem Anschlussteil oder einem Leitungsbefestigungsclip bestimmt.

Hinweis: *Bei Anwendungsfällen wie zum Beispiel dem Clip genügt es nicht, nur eine Durchgangsverbindung in der Mitte des Clips zu definieren, sondern es müssen zwei Verbindungen am Eintritt und Austritt des Clips definiert werden. Nur so ist sichergestellt, dass die Leitung sauber und parallel zur Clipausrichtung verläuft.*

Ausrichtung: Es wird die Ausrichtung der Verbindung zu einer anderen Verbindung definiert. Werden zwei Teile mit Verbindungen auf einer Leitung platziert, dann entscheidet die Ausrichtung über deren Lage zueinander.

Kreisförmig: trifft bei Rohrleitungen mit einem kreisförmigen Leitungsquerschnitt zu, da diese beliebig zueinander rotiert werden können.

Rechteckig: trifft bei rechteckigen Rohrprofilen zu. Diese können nicht beliebig zueinander verdreht werden, weil dann eventuell ihre Lage nicht mehr übereinstimmt.

Nach oben: Die Ausrichtung des Connectors zeigt nach oben. Mehrere Connectoren können so zum Beispiel horizontal ausgerichtet werden.

Zahl: Mit Hilfe dieser Zahl erfolgt ein Hinweis auf die Verbindung, welche gerade in Arbeit ist, wenn mehrere Verbindungen an einem Teil vorhanden sind.

Hinweis: *Verbindungen die mit Hilfe einer vorhandenen Geometrie erstellt werden, sind parametrisierbar, was bei Verbindungen mit neuer Geometrie nicht der Fall ist. Für flexible Leitungen ist es empfehlenswert Verbindungen mit vorhandener Geometrie zu verwenden!*

4.1.2 Definition mit neuer Geometrie

Bis jetzt wurde gezeigt wie ein Connector mit einer vorhandenen Geometrie (Linie, Punkt, Ebene) erstellt wird. Das folgende Kapitel beschreibt, wie man einen Connector ohne eine vorhandene Geometrie definieren kann. Für diesen Weg der Connectordefinition muss im Dialogfenster *Verbindungen hinzufügen* die Funktion *Neue Geometrie definieren,* aktiviert werden. Im Anschluss

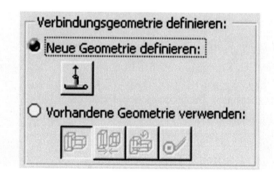

ist die Funktion *Ebene zum Definieren der Steckergeometrie auswählen* zu selektieren.

Das Dialogfenster *Ebene definieren* öffnet sich. In diesem Dialogfenster gibt es jetzt verschiedenste Optionen mit unterschiedlichen Eingaben zur Definiton der Ebene.

Ebene definieren

Bei dieser Funktion wird die Verbindung einfach durch die Selektion einer Ebene und der aktuellen Cursor-Position definiert. Statt des Cursorpfeiles wird ein Punkt, eine Ebene und eine Linie angezeigt. Der Connector ist dadurch besser visualisierbar. Bei Erreichen der gewünschten Position bestätigt man diese durch einen Mausklick.

Position mit Cursor festlegen	Definierte Verbindung (Connector)

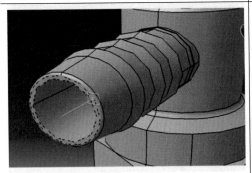
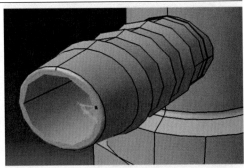

Mit dem Kompass die Ebene definieren

Mit dem Kompass wird die Ebene und Lage der Verbindung bestimmt. Dazu einfach mit dem Cursor den roten Ursprungspunkt des Kompasses nehmen und verschieben. Ist die Lage bestimmt, muss die Definition mit OK bestätigt werden. Der Kompassursprung ist der Verbindungsursprungspunkt und die y-Achse die Ausrichtung der Verbindung.

Position mit Kompass festlegen	Definierte Verbindung (Connector)

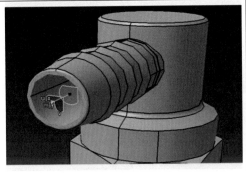
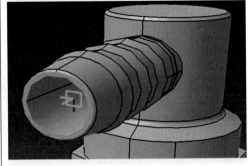

Eine Dreipunktebene definieren

Es müssen drei Punkte definiert werden und durch diese Punkte wird anschließend eine Ebene gebildet. Der Connectorursprung liegt dabei immer auf den erst definierten Punkt platziert.

Drei Punkte bestimmen	Definierte Verbindung (Connector)
	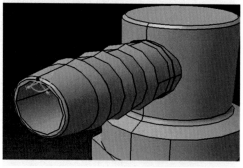

Linien-Punkt-Ebene definieren

Bei dieser Funktion wird die Ebene über einen Punkt und eine Linie bestimmt. Zuerst wird der Punkt und im Anschluss die Linie selektiert. Der Punkt stellt wieder den Verbindungsursprungspunkt (Connectorursprungspunkt) dar.

Punkt und Linie definieren	Definierte Verbindung (Connector)
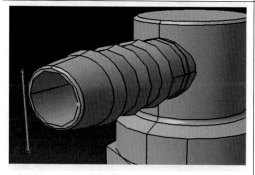	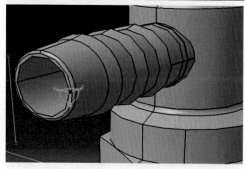

Linien-Linien-Ebene definieren

In diesem Fall wird die Ebene durch zwei Linien erzeugt. Stehen beide Linien normal zueinander, dann wird die Ebene genau im Schnittpunkt beider Linien erzeugt. Das bedeutet der Schnittpunkt ist der Verbindungsursprungspunkt (Connectorursprungspunkt).

Linien definieren	Definierte Verbindung (Connector)

Hinweis: *Sind beide Linien parallel zueinander dann wird die Ebene genau auf den Startpunkt der ersten Linie erzeugt.*

Ebene am Kreismittelpunkt definieren

Bei dieser Funktion erfolgt die Platzierung der Ebene im Kreismittelpunkt. Damit dieser Punkt ermittelt werden kann, müssen drei Punkte an einer Kreislinie selektiert werden. Diese Methode wird vor allem für Multi-CAD-Dokumente wie zum Beispiel ein CGR-Datenfile angewendet. Die Ausrichtung der Verbindung wird mit folgender Regel bestimmt: Werden die Punkte an der Kreiskante im Uhrzeigersinn selektiert, dann zeigt die Ausrichtung (z-Achse) in das Objekt. Bei einer Selektion gegen den Uhrzeigersinn ist die Ausrichtung aus dem Objekt.

Drei Punkte an der Kreiskante definieren	Definierte Verbindung im Kreismittel-punkt

 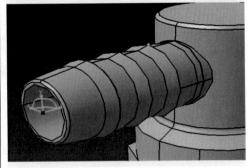

Ebene am Produktursprung definieren

Die Ebene bzw. der Verbindungsursprungspunkt wird an der Achse des Objektes ausgerichtet. Dazu muss lediglich das Objekt (zum Beispiel Stecker) selektiert werden und die Verbindung wird an der Achse ausgerichtet.

Objekt selektieren	**Definierte Verbindung auf Objekt Achse**
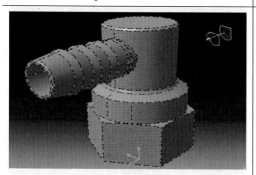	

Ausrichtung definieren

Mit dieser Funktion kann der Flächenmanipulator ausgerichtet werden. Bei der Selektion eines Punktes richtet sich die x-Achse genau an diesem Punkt aus. Wird eine Linie selektiert, dann richtet sich die x-Achse parallel

dazu aus.

Wurde eine Ebene mit den bis jetzt erläuterten Funktionen definiert, gibt es noch drei weitere Möglichkeiten den Ursprung zu verschieben.

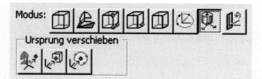

Ursprung an Ebene oder Kompass definieren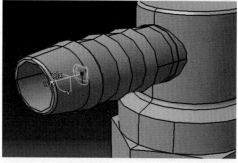

Diese Funktion ermöglicht es, mit dem Kompass eine neue Ebene zu definieren, auf welche der bestehende Ursprungspunkt verschoben wird. Der Kompass wird auf die neue Ebene (Fläche) platziert und mit der Selektion der Funktion richtet sich der Ursprung an der neuen Ebene aus.

Neue Ebene mit Kompass bestimmen	*Ursprung wird an der Kompassebene ausgerichtet*
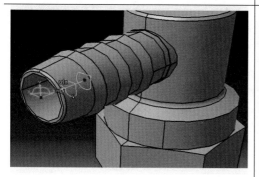	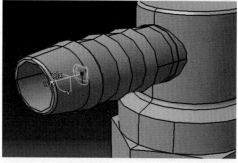

Ursprung am Punkt oder Mittelpunkt der Teilfläche definieren

Der Ursprung kann dabei auf einen Punkt oder mit der Selektion einer Fläche auf die Flächenmitte platziert werden.

Neuen Flächenmittelpunkt durch Selektion der orangen Fläche definiert	**Ursprung an neuen Punkt ausgerichtet**
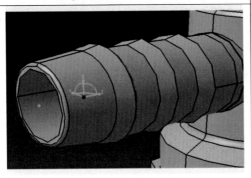	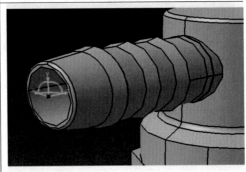

Ursprung am Kreismittelpunkt definieren

Es wird eine bestehende Ebene auf einen neuen Ursprung (Kreismittelpunkt) verschoben. Der Kreismittelpunkt wird durch das Selektieren von drei Punkten auf einer Kreislinie ermittelt. Mit den drei Punkten wird ein imaginärer Kreis erzeugt, der die Referenz für den Kreismittelpunkt ist.

Ebene Manipulator

Er kann dazu verwendet werden, um die Orientierung, Ausrichtung, Ebene und die Position zu ändern bzw. zu manipulieren. Die x-, y-Achse gibt die Orientierung und die z-Achse die Ausrichtung vor. Für das Ändern der Ausrichtung einer Achse muss der am Ende liegende Punkt selektiert werden. Damit der Manipulator entlang einer Achse verschoben werden kann, muss die jeweilige Achse selektiert, mit dem Cursor gehalten und gleichzeitig verschoben werden. Die Verschiebung erfolgt in den definierten Rasterabständen. Selektiert man den Ursprung (roter Punkt) des Manipulators, hält und verschiebt ihn, dann kann eine neue Ebene definiert werden. Auch die Winkel können verändert werden. Sie müssen selektiert und mit dem Cursor gehalten werden, um sie zu verdrehen. Bei einer Winkelverdrehung rastet der Manipulator bei dem definierten Einrastwinkel ein. Standardmäßig liegen die Einrastwinkel immer um 90° versetzt. Die Rasterung erfolgt dabei immer auf den nächst gelegenen Rasterpunkt.

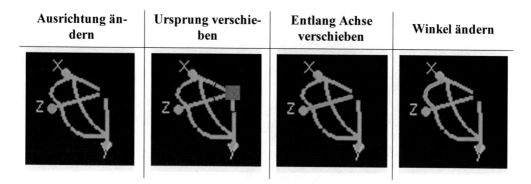

Ausrichtung ändern	Ursprung verschieben	Entlang Achse verschieben	Winkel ändern

4.1.3 Verbindungen verwalten

Im Dialogfenster *Verbindungen verwalten* werden alle Verbindungen (Connectoren) dargestellt und können auch verwaltet werden. Sie können gelöscht, geändert, dupliziert oder neu hinzugefügt werden. Da die Begriffe Löschen, Ändern, Hinzufügen selbsterklärend sind, wird hier nur auf das Duplizieren von Verbindungen (Connectoren) näher eingegangen. Das Duplizieren kann oft hilfreich und zeitsparend sein, da einfach und schnell mehrere Verbindungen erstellt werden können.

Für eine neue Duplikation muss im Dialogfenster *Verbindungen verwalten* die gewünschte Verbindung ausgewählt werden. Im Anschluss selektiert man die Funktion *Duplizieren*. Das Fenster *Verbindungen duplizieren* öffnet sich. In diesem Dialogfenster kann jetzt der Abstand und

die Anzahl der Verbindungsduplikate definiert werden. Der Abstand zwischen den Verbindungen in diesem Fall ist 50 mm und es werden neun Verbindungen, also acht Duplikate benötigt.

Die Ausrichtung der Verbindungen erfolgt über den Kompass. In der nebenstehenden Abbildung erfolgt die Ausrichtung der Verbindungen in y-Richtung. Der Kompass wird also einfach auf eine Kante der Konsole gesetzt. Um die Verbindungsduplikate fertigzustellen, wird das Dialogfenster *Verbindungen duplizieren* mit

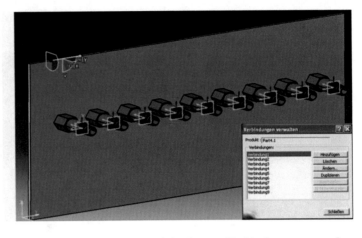

OK geschlossen und die Definitionen übernommen. Im Dialogfenster *Verbindungen verwalten* sind jetzt die acht duplizierten Verbindungen aufgelistet.

Müssen die Duplikate zum Beispiel in einem bestimmten Winkel ausgerichtet sein, dann wird das immer über den Kompass gesteuert. Entweder wird er direkt mit dem Cursor bewegt oder über das Dialogfenster *Parameter zur Kompassmanipulation*. Mit

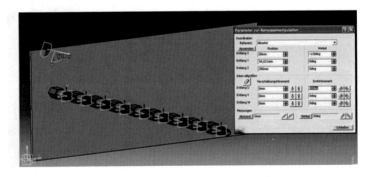

diesem Fenster können dann exakte Werte für die Ausrichtung bestimmt werden.

Hinweis: *Anzahl und Abstände im Dialogfenster Verbindungen duplizieren definieren und die Ausrichtung bei einer Duplikation immer mit dem Kompass vornehmen.*

4.1.4 Struktureller Aufbau von Verbindungen (Connectoren)

Die verschiedenen Eingaben bei der Definition einer Verbindung werden im Strukturbaum als Veröffentlichungen (Publikationen) dargestellt. Je nachdem, ob die Verbindung mit der Funktion *Vorhandene Geometrie* oder *Neue Geometrie verwenden* erstellt wird, gibt es Unterschiede in der Anzahl der publizierten Elemente im Strukturbaum, wie es in der ne-

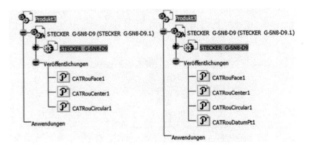

benstehenden Abbildung dargestellt ist. Bei einer Leitung mit einem Verbindungteil referenziert sich die Leitung auf diese publizierten (veröffentlichten) geometrischen Elemente der Verbindung (Connector). Dadurch ergibt sich eine assoziative Abhängigkeit zwischen diesen beiden Elementen.

4.2 Tubing-Teile

In diesem Unterkapitel wird gezeigt, was Tubing-Teile sind und wie diese erstellt werden können. Ein-Tubing Teil ist ein Bauteil, das speziell für die Leitungsverlegung also Tubing aufbereitet und mit verschiedenen Informationen ausgestattet ist, wie zum Beispiel die Flussrichtung, Verbindungsinformationen, Materialinformationen, der nominale Durchmesser usw. Des Weiteren gibt es die Möglichkeit diese Teile mit Konstruktionstabellen zu parametrisieren und in Katalogen abzulegen. Mit all diesen Informationen (Spezifikationen) erkennt das Verbindungsteil automatisch, ob es zu seinen Nachbarteilen passt. Man spricht in diesem Fall von intelligenten Verbindungen bzw. Tubing-Teilen. Durch diese Intelligenz unterscheiden sie sich von den mechanischen Verbindungen (Connectoren). Wie genau ein Tubing Part aufgebaut, definiert und parametrisiert wird, zeigen die folgenden Seiten.

4.2.1 Tubing-Teil anlegen

Wie bei mechanischen Verbindungen kann ein Tubing-Teil auch nur in einem Produkt erstellt werden. Der erste Schritt ist also immer ein leeres Produkt zu öffnen. Um in das Dialogfenster für die Definition eines Tubing-Teiles zu gelangen, muss die

Funktion *Build Tubing Part* selektiert werden. Das Dialogfenster *Teil erzeugen* öffnet sich. Mit der Funktion

Klassenbrowser klassifiziert man das Bauteil in verschiedene Anwendungsfälle. Es erfolgt also schon eine erste Vordefinition des Bauteils. Das heißt es wird definiert, ob es sich um ein Leitungsteil (Verzweigungsstück wie ein T-Stück oder Kreuzstück, Rohrkrümmer, Anschlussstück, Flansch, loses Teil usw.) handelt. Die Definition im Klassenbrowser wird mit OK bestätigt. Im Komponententyp (Dialogfenster *Teil erzeugen*) erscheint jetzt der im Klassenbrowser definierte Typ. Der nächste Schritt ist einen Dateinamen oder für die Benennung das ID-Schema zu definieren. Dann muss die Funktion *ID-Schema verwenden*

selektiert werden. Ist der Dateiname definiert, muss die Eingabe mit der Entertaste bestätigt werden. Das Dialogfenster wird vorerst mit OK beendet. Im Produkt wird jetzt ein leeres Tubing-Teil hinzugefügt.

Wie in der rechten Abbildung
ersichtlich erscheint nun im

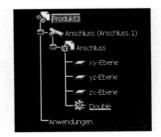

Strukturbaum ein Symbol ![Symbol] für
den im Klassenbrowser definierten
Typ. Dadurch erkennt man schnell
auf einen Blick, um welchen Typ von
Tubing-Teil es sich handelt.

Hinweis: *Dieses Symbol erscheint nur bei Tubing Teilen.*

Durch die Selektion folgender Elemente kann jetzt vom Part Design in das Tubing Design oder
umgekehrt gewechselt werden.

Doppelklick	Arbeitsumgebung
Anschluss (Anschluss.1)	Tubing Design
Anschluss	Part Design

Hinweis: *Bei der Definition muss das Tubing-Teil aktiv sein und nicht das Produkt. Ebenfalls
wird nur das Bauteil selbst und nicht das Produkt gespeichert.*

4.2.2 Tubing-Teil konstruieren und parametrisieren

Im Anschluss muss jetzt das Teil konstruiert werden. Das heißt es werden alle nötigen Skizzen
erzeugt und vollständig bemaßt. Wichtig ist es zum Zeitpunkt der Skizzenerstellung zu wissen,
welche Bemaßungen am Bauteil parametrisiert werden sollen, damit im nächsten Schritt alle
notwendigen Parameter erzeugt werden können. Dazu selektiert man die Funktion *Formel*

definieren ![f(x)] und als Folge öffnet sich das Dialogfenster *Formeln: …*

Es werden für jeden
notwendigen Parameter
in der Skizze ein Name
und der Typ wie zum
Beispiel Länge, Winkel,
usw. definiert. Die Funk-
tion *Neuer Parameter
des Typs* wird selektiert
und der neue Parameter
im Dialogfenster sowie
im Strukturbaum erstellt.
In der rechten Abbildung

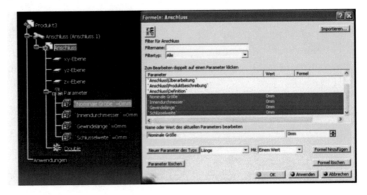

sind die vier neu definierten Parameter (nominale Größe, Innendurchmesser, Gewindelänge, Schlüsselweite) im Dialogfenster *Formel: Anschluss* und im Strukturbaum unter Parameter dargestellt. Die entsprechenden Bemaßungen in der Skizze können jetzt auf diese Parameter referenziert werden. Das erfolgt durch die Selektion des gewünschten Maßes und einem anschließenden Klick der *rechten Maustaste > Objekt ... >Formel bearbeiten*.

Ist der Zusammenhang zwischen Bemaßung und Parameter hergestellt, können die Dialogfenster mit OK geschlossen werden.

Jetzt kehren wir in die Tubing-Arbeitsumgebung zurück. Die bereits bekannte Funktion *Build*

Tubing Part wird erneut selektiert, um in das Dialogfenster *Teil erzeugen* zurückzukehren. Um mit den weiteren Definitionen fortzufahren, muss das Tubing-Teil im Strukturbaum selektiert werden. Im Dialogfenster stehen nun weitere Funktionen wie zum Beispiel *Anschlüsse*

definieren, Konstruktionstabelle zur Auswahl. Für die Parametrisierung muss jetzt im nächsten Schritt eine Konstruktionstabelle erstellt werden. In dieser Tabelle sind für jeden Parameter verschiedene Werte tabellarisch hinterlegt, auf welche beim Generieren des Teiles zugegriffen

wird. Damit die Konstruktionstabelle gestartet werden kann, muss im Dialogfenster *Teil erzeugen* die

Funktion *Konstruktionstabelle* selektiert werden. Das Dialogfenster *Erzeugen einer Konstruktionstabelle* öffnet sich und es gibt zwei Möglichkeiten eine Tabelle zu erzeugen. Es besteht die Möglichkeit eine bereits bestehende Tabelle einzufügen und eine neue Tabelle zu erzeugen. Für die Neuerstellung einer Tabelle wird die Option *Eine Konstruktionstabelle mit aktuellen Parameterwerten erzeugen* ausgewählt. Über die Ausrichtung kann die Form der Tabellen bestimmt werden. Mit OK bestätigt man seine Auswahl und es öffnet sich das neue Dialogfenster *Parameter zum Einfügen*

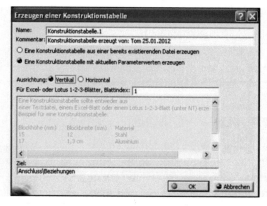

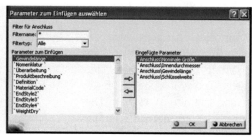

auswählen. Mit Hilfe dieses Fensters müssen jetzt alle in der Tabelle gewünschten Parameter vom linken Auswahlpool in den rechten Pool *Eingefügte Parameter* mit Hilfer der Steuerpfeile definiert werden. Als nächster Schritt ist ein Speicherort und das gewünschte Format (Excel- oder Textdatei) zu bestimmen.

Ist die Tabelle gespeichert, öffnet
sich ein weiteres Dialogfenster
Konstruktionstabelle aktiv, Konfigu-
rationszeile. In diesem Fenster werden die Parameter mit den Werten
tabellarisch aufgelistet. Damit die
Konstruktionstabelle jetzt erweitert
werden kann, gibt es die Möglichkeit, sie über den Explorer oder die
Funktion *Tabelle bearbeiten* zu öff-

nen. In dieser Tabelle können jetzt die Werte für die Parameter beliebig erweitert werden.

Hinweis: *Es ist wichtig, dass die Teilenummer (PartNumber) sowie die nominale Größe*
(Nominal Size) in der Tabelle enthalten sind, da diese dann später beim Teile-Katalog
erforderlich sind.

In der Tabelle werden
jetzt alle parametrisierten
Maße festgehalten. Mit
dieser Konstruktionsta-
belle wird es dem
Anwender ermöglicht,

	A	B	C	D	E	F
	PartNumber	NominalSize	'Anschluss\Nominale Größe' (mm)	'Anschluss\Gewinde länge' (mm)	'Anschluss\Schlüssel weite' (mm)	'Anschluss\Innend urchmesser' (mm)
1						
2	Anschluss 8	8	8	15	24	5
3	Anschluss 10	10	10	20	26	7
4	Anschluss 12	12	12	23	28	9
5	Anschluss 14	14	14	25	30	11

Teile schnell in verschiedenen Dimensionen abzubilden, ohne viele unterschiedliche
Konstruktionen erstellen zu müssen. Zum Beenden wird die Tabelle gespeichert und
geschlossen. Das Dialogfenster wird mit OK beendet.

4.2.3 Tubing-Verbindung erstellen

Bei Tubing-Teilen handelt es sich ja
meistens um Bauteile, die mit einer
Leitung oder anderen Teilen verbunden werden. Daher ist es auch möglich eine Verbindung zu definieren.
In diesem Fall spricht man jedoch
nicht von einer mechanischen Verbindung (Connector), sondern von
einer Tubing-Verbindung also einer
intelligenten Verbindung. Für die
Connector Definition wird im Dialogfenster *Teil erzeugen* die Funkti-

on *Anschlüsse definieren* ⤴ selektiert. Das Verwaltungsmenü für Verbindungen öffnet sich.
Mit der Funktion *Hinzufügen* kann jetzt eine neue Verbindung definiert werden.

Die Definition der geometrischen Elemente für eine Verbindung im Dialogfenster *Verbindungen hinzufügen* unterscheidet sich zu der Definition von mechanischen Verbindungen nicht und wird daher auch nicht mehr erläutert. Es wird nur mehr auf die erweiterten Möglichkeiten, welche bei einer mechanischen Verbindung nicht zur Verfügung stehen, näher eingegangen. Nachdem eine Ebene, die Orientierung und Ausrichtung definiert sind, kann die Verbindung klassifiziert werden. Bei der Klassifizierung erkennt man, dass es mehr Definitionsmöglichkeiten als bei mechanischen Verbindungen gibt. So ist es jetzt möglich,

einen Leitungstyp und davon abhängig eine Fließrichtung mit einem Namen zu bestimmen. Die restlichen Eingabemöglichkeiten sind mit denen einer mechanischen Verbindung identisch. Welche unterschiedlichen Verbindungstypen, die davon abhängende Fließrichtung und der Name möglich sind, wird anhand einer tabellarischen Übersicht gezeigt.

Typ	Fließrichtung	Name
Leitungsteileanschluss	Keine	Inlet 1-4
	Ein	Outlet 1-4
	Aus	C1-C20
	Ein/Aus	Inlet 1-4; Outlet 1-4; C1-C20
Mechanischer Teileanschluss		Inlet 1-4
		Outlet 1-4
		C1-C20
Anschluss des Elektroteils		Inlet 1-4
		Outlet 1-4
		C1-C20
Steckverbindung für Kabelkanal		Inlet 1-4
		Outlet 1-4
		C1-C20

Typ	Fließrichtung	Name
Rohrteilanschluss	Keine	Inlet 1-4
	Ein	Outlet 1-4
	Aus	C1-C20
	Ein/Aus	Inlet 1-4; Outlet 1-4; C1-C20
HLK-Teileverbindung	Keine	Inlet 1-4
	Ein	Outlet 1-4
	Aus	C1-C20
	Ein/Aus	Inlet 1-4; Outlet 1-4; C1-C20

Hinweis: *Ein Elektroteilanschluss sollte am Ende des Anschlussansatzes, welcher mit dem Equipment verbunden ist, platziert werden. Die Steckverbindung für einen Kabelkanal sollte hingegen an das freie Ende des Anschlussansatzes, welches nicht mit dem Equipment verbunden ist, platziert werden.*

Im rechten Bild sind jetzt die definierten Fließrichtungen (blaue Pfeile) an den Verbindungen eines Tubing-Teiles dargestellt. Bei Verbindung eins und drei ist eine eintretende (Ein) und an Verbindung zwei eine austretende (Aus) Fließrichtung definiert.

Des Weiteren gibt es noch die Möglichkeit, für die Verbindung Attribute zu definieren. Das ist mit der Funktion *Anschlüssen Attribute zuordnen*

möglich. Mit der Selektion dieser Funktion öffnet sich das Dialogfenster *Anschlüssen Attributen zuordnen*. Über das Klappmenü der Attribute (NominaleSize, Endstyle, Rating, Schedule, WallThickness) wird definiert, wie viele Attribute von den maximal möglichen verwendet werden. Das heißt es gibt zum Beispiel drei verschiedene nominale Größen (NomialeSize). Sollen alle drei verwendet werden, muss im Klappmenü die Zahl drei definiert werden. Sollen nur zwei von den dreien verwendet werden, dann wird die Zahl zwei selektiert. Mit Null gibt es keine Verwendung des jeweiligen Attributes. Im Mittleren Teil des Dialogfensters sind die Verbindungen mit den vorher definierten

Attributen tabelarisch dargestellt.
Selektiert man im Tabellenkopf die
Verbindungsbezeichnung (zum
Beispiel 1-Tub), dann werden alle
der Verbindung 1 zugeordneten
Attribute gelöscht. Im unteren Teil
des Dialogfensters wird der im
mittleren Teil des Fensters
selektierte Attributtyp mit dem
zugeordneten Wert angezeigt. Soll
der Wert eines Attributes geändert
werden, dann muss Folgendes
durchgeführt werden.

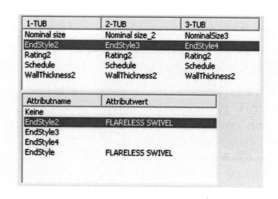

Schritt 1	Schritt 2	Schritt 3
Im mittleren Teil bei der jeweiligen Verbindung das Attribut selektieren dem ein neuer Wert zugeordnet werden soll.	Im unteren Teil des Dialogfensters das neue Attribut mit dem Attributwert selektieren.	Das in Schritt eins selektierte Attribut wird durch das in Schritt drei selektierte ersetzt.

Aus dem in der Tabelle abgebildetem Beispiel ist ersichtlich, dass bei Verbindung Eins (1-Tub)
der Endstyle2 durch das Attribut *Keine* ersetzt wurde. Bei Verbindung Eins wird also kein
Endstyle verwendet.

Hinweis: *Damit die Definitionen der Attribute auch wirksam werden, müssen diese immer der*
Verbindung mit der
Funktion Zuordnen
zugewiesen werden.

Mit der Funktion *Ele-*
ment Analysieren
können jetzt die fest-
gelegten Attribute an den
Verbindungen abgelesen
werden. In der Abbildung

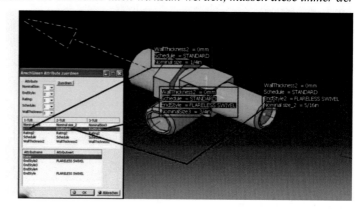

ist die Zuordnung der Attribute zu den Verbindungen am Tubing-Teil mit den roten Linien
dargestellt.

4.2.4 Sonstige Definitionen (Darstellung, Formel, Eigenschaften)

Im Dialogfenster *Teil
erzeugen* gibt es noch
weitere Funktionen und
Definitionsmöglichkei-
ten wie zum Beispiel die
Verwaltung der Darstel-
lung. Mit der Funktion
Darstellung   verwalten

werden die unter-
schiedlichen Möglich-
keiten für die Darstel-
lung bestimmt, das be-
deutet, ob das Teil immer

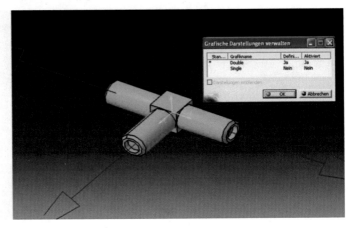

nur als Double (Körper) oder auch vereinfacht (nur Verbindungen oder eine Strichgeometrie)
dargestellt wird. In dem Dialogfenster *Grafische Darstellungen verwalten* ist das mit *Ja/Nein*
möglich. Wäre zum Beispiel bei Single eine aktive Ja-Definition, dann würde man statt dem
Volumenköper nur die Verbindungen (Connectoren) sehen, d.h. der Double (Volumenkörper)
wäre nicht sichtbar.

Mit der Funktion *Formel* **f(x)** im
Dialogfenster *Teil erzeugen* werden
alle definierten *Parameter* in einem
Fenster aufgelistet. Es können neue
Parameter, Formeln hinzugefügt oder
gelöscht werden. Bei dieser Funktion
handelt es sich um die gleiche Funktion   wie   in   der   allgemeinen
Arbeitsumgebung.
Weitere   Definitionsmöglichkeiten
gibt es mit der Funktion *Eigenschaften definieren* . Mit der
Selektion der Funktion im Dialogfenster *Teil erzeugen* öffnet sich das Fenster *Eigenschaften*.
Es gibt vier weitere untergeordnete Dialogfenster wie *Grafik*, *Produkt*, *Leitung* und *Objekt*. Das
bedeutsamste Dialogfenster ist *Leitung*. Was mit den unterschiedlichen Dialogfenstern alles
definiert werden kann, wird jetzt in einer Übersicht gezeigt.

Dialogfenster	Definitionsmöglichkeiten	Abbildung
Grafik	Farbe, Linientyp, Strichstärke, Transparenz des Tubing-Teiles	
Produkt	Teilenummer, Nomenklatur, Quelle, Produktbeschreibung	
Leitung	Es werden die wichtigsten Eigenschaften in Bezug auf die Leitung und das Bauteil definiert: Außendurchmesser, Innendurchmesser, Masse, nominale Größe, Isolierung, Materialkategorie, Materialcode, Enddarstellung (Endstyle) usw.	
Objekt	Allgemeine Informationen über das Objekt wie Teiletyp, Name, Teilenummer usw.	

Hinweis: *Mit der Enddarstellung ist immer die Art der Verbindungsausführung gemeint. Ist die Verbindung ein Gewindestutzen, eine Bördelung, eine Klebverbindung, Schlauchverbindung oder eine Schweißverbindung usw?*

4.2.5 Übung 2 - Tubing-Teil konstruieren und parametrisieren

Ziel: Ein Tubing-Teil von Beginn an auf konstruieren, parametrisieren und im Anschluss Eigenschaften und Verbindungen festlegen. Es handelt sich dabei um einen Stecker für flexible Leitungen mit einem Gewindestutzen wie er in der Abbildung dargestellt ist.

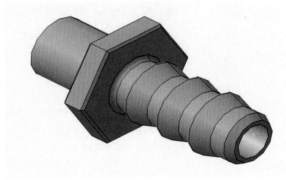

Tubing-Arbeitsumgebung starten

⇨   *Start > Systeme & Ausrüstung > Tubing Discipline > Tubing Design*

Produkt anlegen

⇨   Im Klappmenü *Datei > Neu >Product* ein neues Produkt anlegen

Tubing-Teil im Produkt erzeugen

⇨   Die Funktion *Build Tubing Part* ![icon] ist zu selektieren, damit sich das Dialogfenster *Teil erzeugen* öffnet.

⇨   In diesem Dialogfenster wird jetzt mit der Funktion *Klassenbrowser anzeigen* ![icon] der Browser geöffnet und die Art des Tubing-Teiles definiert. In diesem Fall wird im *Browser > Leitungsteil > Verzweigung > Anschluss* selektiert.

⇨   Im Dialogfenster *Teil erzeugen* wird jetzt der Dateiname definiert. In diesem Beispiel wird das Teil Stecker bezeichnet.

Hinweis: *Soll kein Name, sondern durch die ID der Name bestimmt werden dann, muss die Funktion ID-Schema verwenden* ![icon] *werden.*

⇨   Nachdem der Name festgelegt

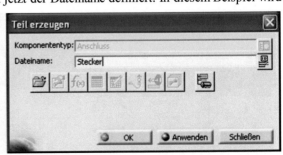

ist, muss mit der Eingabe-Taste der Name bestätigt werden. Im weiteren Verlauf kann das Dialogfenster *Teil erzeugen* mit OK geschlossen werden.

⇨ Mit Ok wird das Dialogfenster *Teil erzeugen* beendet und im Strukturbaum das neue Tubing Part mit der Symboldarstellung erstellt.

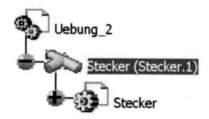

Skizzen erstellen

⇨ Damit ein Volumenkörper erstellt werden kann, muss eine Skizze konstruiert werden. Dazu wechselt man vom Tubing Design in das Part Design. Das erfolgt über einen Doppelklick im Strukturbaum auf .

⇨ Ist man im Tubing Design (Teilekonstruktion), gelangt man über die Funktion *Skizze* und der anschließenden Selektion einer Ebene yz-Ebene (für dieses Übungsbeispiel die yz-Ebene) in den Skizzierer. Die Skizze kann jetzt erstellt werden. Für den Stecker werden zwei Skizzen benötigt.

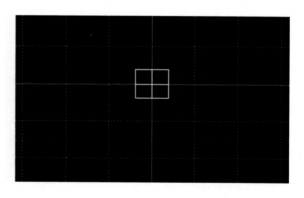

⇨ In der ersten Skizze wird die Kontur des Steckers konstruiert. Die Skizze wurde so aufgebaut, dass der Ursprung an der Vorderseite des Schlauchstutzens ist. Die Skizze ist für einen Rotationskörper aufgebaut. Das heißt es muss mit der Funktion *Achse* eine Rotationsachse die horizontal durch den Ursprung verläuft, erstellt werden.

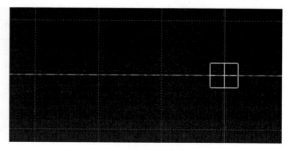

Skizze 1

⇨ Im nächsten Schritt
    wird die Skizze wie
    in der Abbildung
    vervollständigt. Der
    Skizzenaufbau und
    die Bemaßung müs-
    sen mit der Abbil-
    dung übereinstim-
    men. Das ist für die
    spätere Parametrisie-
    rung notwendig. Ist
    die Skizze fertig-
    gestellt, wird die

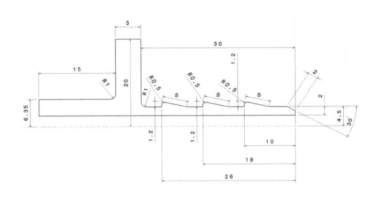

Umgebung mit der Funktion *Umgebung verlassen* ⬆ gewechselt.

Hinweis: *Ist die Skizze richtig bemaßt und stimmt mit dieser Abbildung überein, dann müssen alle geometrischen Elemente in der Skizze grün sein.*

Skizze 2

⇨ Für das Tubing-Teil ist noch
    eine weitere Skizze notwendig,
    mit der die Schlüsselweite be-
    stimmt wird. Dazu wird eine
    weitere Skizze mit der Funktion

    Skizze 🖊 erzeugt. Die Skizze
    besteht aus einem Sechseck und
    das kann mit der Funktion

    Sechseck ⬡ einfach und
    schnell konstruiert werden. Das
    Sechseck wird mit einer

Schlüsselweite von 20 mm konstruiert. Ist dieser Vorgang beendet, verlässt man die Skizze

wieder mit der Funktion *Umgebung verlassen* ⬆ und kehrt in das Part Design zurück.

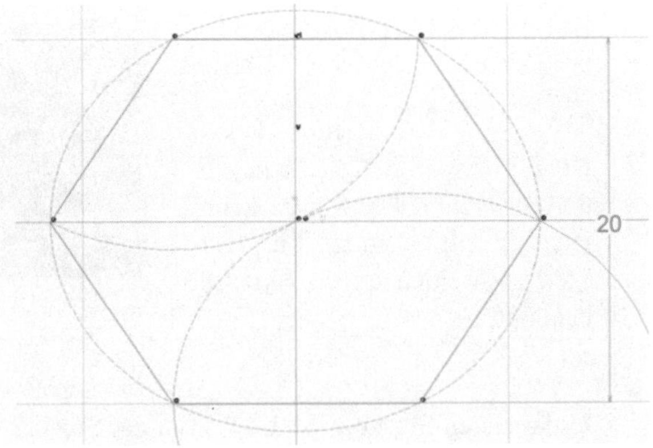

Volumenkörper erzeugen

⇨ Jetzt sind alle notwendigen Skizzen erstellt. Mit Hilfe dieser Skizzen wird jetzt ein Volumenkörper erzeugt. Aus der ersten Skizze wird mit der Funktion *Welle* 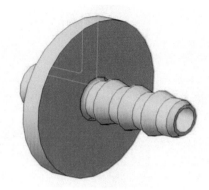 ein Rotationskörper erstellt. Die Funktion wird selektiert und darauf die Skizze 1 ausgewählt. In der Skizze 1 wurde eine Drehachse erzeugt, die jetzt für den Rotationskörper herangezogen wird. Das Dialogfenster *Definition der Welle* ist mit OK zu schließen. Der Rotationskörper wird erstellt.

⇨ Im Anschluss muss jetzt die Skizze 2 vom Rotationskörper abgezogen werden. Das erfolgt über die Funktion *Tasche* 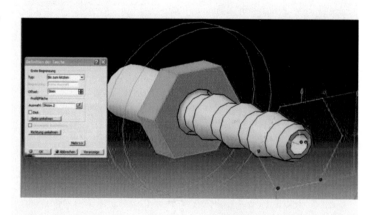. Im Dialogfenster *Definition der Tasche* wird die Skizze 2 selektiert. Bei der Richtungsdefinition ist es wichtig, dass der Richtungspfeil aus der und nicht in die Skizze zeigt. Das Dialogfenster wird mit OK geschlossen und die Tasche erstellt.

Fase erzeugen

⇨ Danach wird jetzt auf beiden Seiten des Sechskantes noch eine Fase mit 45° und einer Länge von 0,5 mm erzeugt. Dazu wird die Funktion *Fase*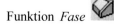

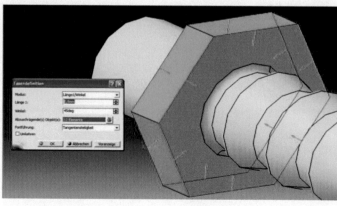

selektiert, die Parameter wie Winkel und Länge definiert und das Dialogfenster *Fasendefinition* mit OK wieder beendet.

Fertiger Volumenkörper

⇨ Mit der Fertigstel-
lung der Fasen am
Sechskant ist jetzt
der Volumenköper
fertig und strukturell
sauber aufgebaut.
Jetzt kann mit der
Parametrisierung
begonnen werden.

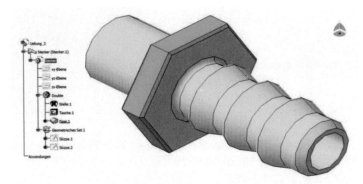

Parameter definieren

⇨ Für die Parametrisierung notwendige Parameter müssen jetzt
definiert werden. Das erfolgt im
Part Design. Das heißt der Stecker ist aktiv und mit der Funk-

tion *Formel* $f\!(x)$ wird das Dialogfenster *Formeln* geöffnet. In
diesem Dialogfenster können
jetzt die gewünschten Parameter
angelegt werden. Dazu wird der
Typ (in diesem Fall *Länge*) mit
einem Wert ausgewählt. Durch

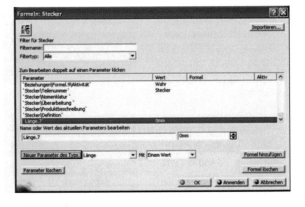

die Selektion der Funktion *Neuen Parameter des Typs* wird ein neuer Parameter im Dialogfenster *Formeln* und im Strukturbaum erzeugt. Des Weiteren muss der gewünschte
Wert für den Parameter definiert werden. Nachdem ein neuer Parameter erzeugt wurde,
kann dieser im Feld *Name oder Wert des aktuellen Parameters bearbeiten* umbenannt
werden. Dazu wird einfach der gewünschte Name in das Feld geschrieben und mit der Eingabe-Taste bestätigt.

Hinweis: *Der Parametername kann auch einfach über einen Doppelklick auf den Parameter
im Strukturbaum geändert werden.*

⇨ Für die vollständige Parametrisierung müssen folgende Parameter wie in der Abbildung und
den entsprechenden Werten mit
der Funktion Formel definiert
werden.

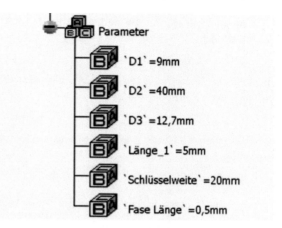

Parameter mit Skizzen verknüpfen

Bei diesem Schritt muss
eine Referenz zwischen
der Bemaßung in der
Skizze und den definier-
ten Parametern geschaf-
fen werden. Dazu muss
die Skizze 1 geöffnet
werden. In der Skizze
wird jetzt das zu para-
metrisierende Maß (in
diesem Fall die unter-
schiedlichen Radien mit
6 mm, 25 mm, 7 mm und

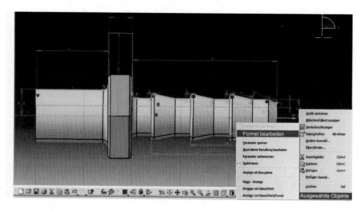

die Höhe für den Sechskant mit 5 mm) mit der rechten Maustaste selektiert und über das Menü
Objekt ... > Formel bearbeiten der Formeleditor geöffnet.

Hinweis: *Es muss jeder Wert einzeln in der Skizze selektiert und mit einer Formel definiert
werden.*

⇨ Im Formeleditor
muss dem selektier-
ten Maß jetzt der
entsprechende Pa-
rameter zugeordnet
werden. Das erfolgt
über die Selektion
des gewünschten Pa-
rameters im Struk-

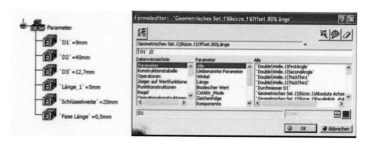

turbaum. Im Dialogfenster wird der Parametername in dem weißen Feld eingefügt (in diesem Fall D1). Der Parameter ist als Durchmesser und die Bemaßung in der Skizze als Radius definiert. Daher muss in diesem Fall der Parameterwert halbiert werden, damit er dem

Radius entspricht. Ist die Formel fertig definiert, kann der Formeleditor mit OK geschlossen werden.

Hinweis: *Die Höhe des Sechskantes (5 mm) darf nicht halbiert werden da es sich in diesem Fall um keinen Radius handelt.*

In der Tabelle ist jetzt die Zuordnung zwischen den Maßen und den Parametern für die Übung dargestellt.

Maß (Skizze)	Parameter (Strukturbaum)	Formel (Editor) =
4,5 mm	D1 (9 mm)	D1/2
20 mm	D2 (40 mm)	D2/2
6,35 mm	D3 (12,7 mm)	D3/2
5 mm	Länge_1	Länge_1

⇨ In der Skizze 2 wird dem Sechskantmaß (20 mm) der Parameter *Schlüsselweite* über den Formeleditor zugewiesen.

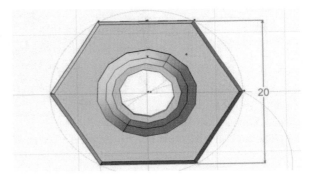

Maß (Skizze)	Parameter (Strukturbaum)	Formel (Editor) =
20 mm	Schlüsselweite (20 mm)	Schlüsselweite

⇨ Damit die Parametrisierung abgeschlossen werden kann, muss der Fase am Sechskant noch ein Parameter zugeordnet werden. Dazu

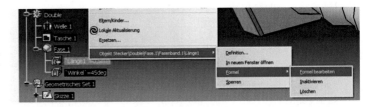

wird im Strukturbaum unterhalb der Fase der Parameter Länge1 mit der rechten Maustaste

selektiert und über
das Menü *Objekt ...
> Formel > Formel
bearbeiten* der For-
meleditor geöffnet.

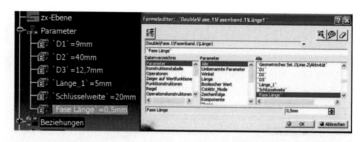

⇨ Im Formeleditor
wird jetzt die Refe-
renz auf den selbst angelegten Parameter *Fase Länge* mit 0,5 mm definiert. Ist die Formel
fertig kann der Editor mit OK beendet werden. Mit diesem letzten Schritt sind jetzt alle
notwendigen Definitionen erfolgt, um eine Konstruktionstabelle mit verschiedenen Maßen
für die Parameter zu erstellen.

Parameter (Fase)	Parameter (Strukturbaum)	Formel (Editor) =
Länge1 (0,5 mm)	Fase Länge (0,5 mm)	Fase Länge

Konstruktionstabelle erstellen

Für das Erzeugen einer Konstruktionstabelle muss wieder in die Tubing-Arbeitsumgebung
gewechselt werden. Im Anschluss
wird die Funktion *Build Tubing Part*

selektiert. Das Dialogfenster
Teil erzeugen öffnet sich. Damit die
Funktionen im Dialogfenster aktiv
werden, ist es notwendig das Tubing-
Teil im Strukturbaum zu selektieren.
Die Funktion *Konstruktionstabelle*

wird selektiert.

⇨ Das Dialogfenster
*Erzeugen einer
Konstruktionstabelle*
öffnet sich. Es wird
eine neue Tabelle er-
stellt, deshalb wird
die Option *Eine
Konstruktionstabelle
mit aktuellen Para-
meterwerten erzeu-
gen* und mit einer
vertikalen Ausrich-
tung ausgewählt. Die
Eingaben werden mit

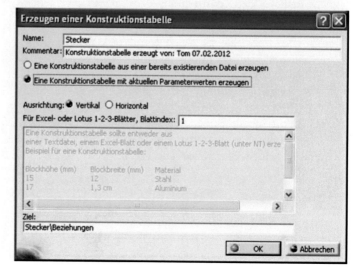

OK bestätigt und ein weiteres Dialogfenster öffnet sich.

⇨ Die nächste Aufgabe ist es, alle für die Konstruktionstabelle relevanten Parameter zu bestimmen. Das erfolgt im Dialogfenster *Parameter zum Einfügen auswählen*. Das bedeutet in der linken Spalte *Parameter zum Einfügen* werden jetzt die eigens definierten Parameter (D1, D2, D3, Länge_1, Schlüsselweite, Fase Länge, NominalSize) selektiert. Mit der Pfeilsteuerung werden die markierten Parameter in die rechte Spalte *Eingefügte Parameter* verschoben. Die Definitionen werden mit OK bestätigt und ein weiteres Dialogfenster wird geöffnet.

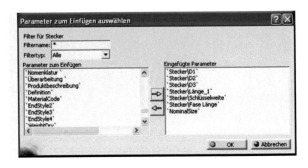

⇨ Der nächste Schritt ist einen Speicherort für die Konstruktionstabelle auszuwählen. Das erfolgt mit dem Dialogfenster *Sichern unter*. Als Tabellenformat wird Excel gewählt.

⇨ Nach dem Speichern wird jetzt automatisch das Dialogfenster *Stecker... aktiv* geöffnet, in dem die Parameter mit den jeweiligen Werten aufgelistet sind. Des Weiteren kann auch ein Tabellenname mit einem Kommentar definiert werden. Mit OK wird das Erstellen der Konstruktionstabelle abgeschlossen. Muss die Tabelle jedoch bearbeitet oder

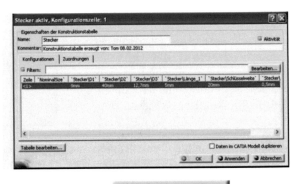

erweitert werden, wird die Funktion *Tabelle bearbeiten* | Tabelle bearbeiten... | im Dialogfenster selektiert.

⇨ Die Excel-Tabelle öffnet sich und kann jetzt erweitert werden. In diesem Fall wird die Tabelle um vier weitere Anschlussnennweiten erweitert. Das heißt in Summe gibt es drei verschiedene Steckergrößen. Die Tabelle ist wie in der Abbildung zu erweitern.

	A	B	C	D	E	F	G	H
1	PartNumber	`NominalSize`	`Stecker\D1` (mm)	`Stecker\D2` (mm)	`Stecker\D3` (mm)	`Stecker\Länge_1` (mm)	`Stecker\Schlüssel weite` (mm)	`Stecker\Fase Länge` (mm)
2	Stecker 1_2	1/2in	9	40	12,7	5	20	0,5
3	Stecker 3_4	3/4in	16,5	45	19,05	6	30	0,5
4	Stecker 1	1in	22,5	50	25,4	7	38	1

Hinweis: *Wichtig ist es die Tabelle um die Spalten „PartNumber" zu erweitern. Die Benennung darf nicht willkürlich, sondern muss genau wie in der abgebildeten Tabelle durchgeführt werden. Die Benennung für die weiteren Parameternamen darf ebenfalls nicht geändert werden, da sonst der Zusammenhang zwischen Tabelle und CATIA-Parametern verloren geht. Die Formatierung spielt keine Rolle. Um Probleme bei der Auflösung der Teile in einem Katalog zu vermeiden, sollte auf Sonderzeichen bei der Teilenummer (PartNumber) verzichtet werden.*

⇨ Ist die Tabelle fertig muss sie gespeichert und geschlossen werden.

⇨ Im Catia erfolgt ein *Wissensbericht* für die Synchronisation der Konstruktionstabelle. Das Dialogfenster wird mit *Schließen* beendet und im Dialogfenster *Stecker aktiv, …* werden die in der Excel Tabelle neu definierten Werte dargestellt. Das Dialogfenster wird mit OK geschlossen.

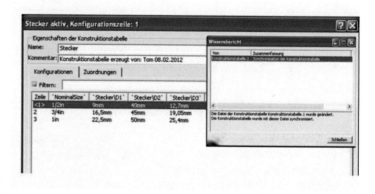

⇨ Die Konstruktionstabelle wird im Strukturbaum angeführt und kann über die rechte Maustaste > *Objekt …* > *Definition* oder mit einem Doppelklick wieder geöffnet werden.

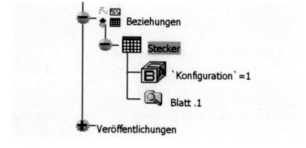

Konstruktionstabelle testen

⇨ Um die Funktion der Konstruktionstabelle zu prüfen, wird die Tabelle im Strukturbaum über einen Doppelklick geöffnet. In der Tabelle wird jetzt die größte nominale Größe mit 1 in selek-

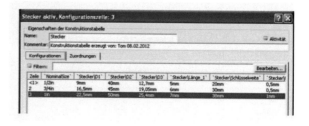

tiert. Mit OK wird das Dialogfenster geschlossen und eine Aktualisierung des Teiles wird gefordert.

⇨ Diese wird mit der Funktion *Alles aktualisieren* 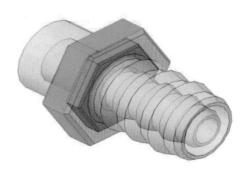 durchgeführt. Die Größe des Steckers wird auf die neu definierten Parameter angepasst wie es in der Abbildung dargestellt ist.

Hinweis: *Erfolgt keine Anpassung des Teiles nachdem die Größe über die Tabelle neu definiert wurde, sind die Tabelle oder die Parameter fehlerhaft!*

Geometrische Elemente für Verbindungen erzeugen

⇨ Für die Definition einer Verbindung (Connector) müssen die geometrischen Elemente erzeugt werden. Das erste Element ist ein Punkt. Dieser soll genau in der Mitte des Kreises bei der Verrundung (wie in der Abbildung dargestellt) liegen.

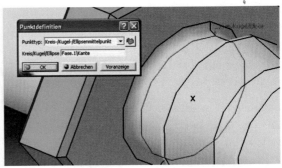

⇨ Eine Ebene definieren, die parallel zur zx-Ebene liegt und genau durch den erstellten Mittelpunkt verläuft.

⇨ Das letzte Element ist eine Linie, deren Startpunkt der vorher definierte Mittelpunkt ist und rechtwinklig zur zx-Ebene ist. Die Länge der Linie beträgt 25 mm. Diese drei geometrischen Elemente (Punkt, Ebene, Linie) werde jetzt für die Verbindungsdefinition verwendet.

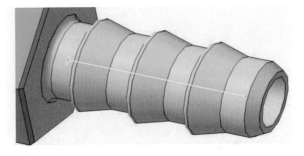

⇨ Auf der gegenüberliegenden Seite am Einschraubstutzen werden die gleichen geometrischen Elemente für eine weitere Verbindung erzeugt.

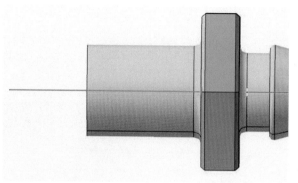

Verbindungen (Connectoren) definieren

⇨ In der Tubing-Arbeitsumgebung wird mit der Funktion *Build Tubing Part* 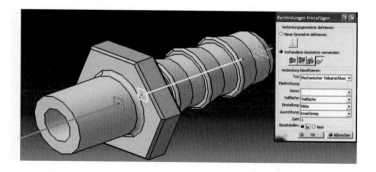 das Dialogfenster *Teil erzeugen* geöffnet. Nach der Selektion des Tubing-Teiles im Strukturbaum sind die Funktionen im Dialogfenster auswählbar. Die Verbindung kann mit der Funktion

Anschlüsse definieren und im Dialogfenster *Verbindungen verwalten* mit *Hinzufügen* erstellt werden.

Verbindung 1

⇨ Mit der Option *Vorhandene Geometrie verwenden* werden jetzt im Dialogfenster *Verbindungen hinzufügen* die geometrischen Elemente für die Definition der Verbindung ausgewählt.

⇨ Die Klassifizierung der Verbindung (Connector) erfolgt wie in der folgenden Tabelle dargestellt.

Typ	Fließrichtung	Name	Teilfläche	Einstellung	Ausrichtung
Mechanischer Teileanschluss		Outlet1	Teilfläche	Mitte	kreisförmig

⇨ Das Dialogfenster *Verbindungen hinzufügen* wird mit OK geschlossen.

Verbindung 2

⇨ Im Dialogfenster *Verbindungen verwalten* wird jetzt die zweite Verbindung am Gewinde-
stutzten erzeugt. Mit der Funktion *Hinzufügen* öffnet sich das Dialogfenster *Verbindungen
hinzufügen*.

⇨ Die Verbindung
wird erneut mit einer
vorhandenen Geo-
metrie erstellt. Nach
der Selektion der re-
levanten geometri-
schen Elemente er-
folgt folgende Ver-
bindungsklassifizie-
rung.

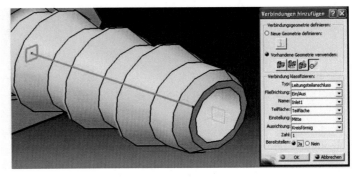

Typ	Fließrichtung	Name	Teilfläche	Einstellung	Ausrichtung
Leitungsteil-anschluss	Ein/Aus	Inlet1	Teilfläche	Mitte	kreisförmig

⇨ Das Dialogfenster *Verbindungen hinzufügen* ist mit OK zu
schließen und im Verwaltungsmenü werden jetzt die zwei definierten Verbindungen angezeigt. Alle Verbindungen
(Connectoren) sind definiert
und das Dialogfenster kann mit
Schließen geschlossen werden. Man kehrt in das Dialogfenster *Teil erzeugen* zurück.

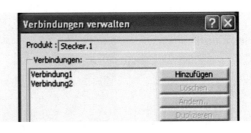

Eigenschaften definieren

⇨ Mit der Funktion *Eigenschaften

definieren* ![Symbol] werden die Eigenschaften bestimmt. Im Fenster *Leitung* sollen jetzt alle für
das Tubing-Teil relevanten Eigenschaften definiert werden. In
diesem Fall ist die End-
darstellung (Flexible Coupling),
Enddarstellung 2 (Threaded

Male) und die Materialkatekorie (Stainless steel) zu definieren. Die Eingaben werden mit OK bestätigt und das Fenster schließt sich.

Attribute zuordnen

⇨ Folgend werden den Verbindungen noch Attribute zugeordnet. Das erfolgt über die Funktion *Anschlüssen Attribute zuordnen* 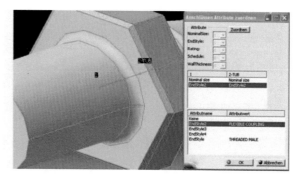. Der Verbindung 1 wird der Endstyle Flexible Coupling und Verbindung 2 der Endstyle Threaded Male zugeordnet. Mit OK sind die Eingaben zu bestätigen.

⇨ Alle Definitionen sind jetzt vollständig abgeschlossen und das Dialogfenster *Teil erzeugen* kann mit OK geschlossen werden.

Hinweis: *Mit der Funktion Element analysieren* 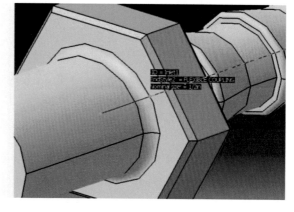 *kann man sich Details über die definierten Verbindungen anzeigen lassen. Dabei werden die vorher ausgewählten Attribute in der Information dargestellt.*

Man ist jetzt in der Lage, Verbindungen und parametrisierte Tubing-Teile zu konstruieren. Damit diese Teile noch effizienter genutzt werden können, ist es von Vorteil solche parametrisierten Teile in einem Katalog abzulegen, von wo sie in die Baugruppe geladen werden können. Das zeigt das nächste Unterkapitel.

4.3 Tubing-Teile-Katalog

In diesem Kapitel wird gezeigt wie man einen Katalog für Tubing-Teile erzeugt und anwendet. Vor allem bei parametrisierten Teilen ist ein Katalog oft vorteilhaft, weil die verschiedenen Größen durch den Katalog generiert und einfach eingefügt werden können. Das Thema Tubing-Katalog ist kein Schwerpunkt in diesem Buch, da meistens Kataloge von Administratoren angelegt und dem Konstrukteur zur Verfügung gestellt werden. Aus diesem Grund werden in diesem

Kapitel auch nur die notwendigsten Funktionen für das Erzeugen eines Tubing-Teil-Kataloges erläutert. Es wird einmal gezeigt wie ein neuer Katalog erstellt, zweitens der bestehende Tubing-Katalog mit neuen Teilen erweitert werden kann und diese Tubing-Teile mit der Funktion *Place Tubing Part* ⚡ aus dem Katalog in eine Baugruppe eingefügt werden können.

Hinweis: *Voraussetzung für das Erstellen eines Kataloges ist, dass die parametrisierten Tubing-Teile vollständig definiert vorliegen. Die Teile müssen nicht zwingend mit einer Konstruktionstabelle hinterlegt sein, jedoch ist eine größere Teilevielfalt mit einem geringeren Aufwand möglich.*

Nach dem Motto „learning by doing" wird jetzt die weitere Vorgehensweise gleich an einem Beispiel vertieft.

4.3.1 Übung 3 - Neuen Tubing-Teile-Katalog erzeugen

Hinweis: *Für diesen Übungsteil wird das in Übung 2 erstellte parametrisierte Tubing-Teil benötigt, weil dies jetzt in einem Katalog hinterlegt werden soll.*

Katalog Editor öffnen

⇨ Über das Klappmenü *Start > Infrastruktur > Katalog Editor* wird der Editor für die Katalogerstellung geöffnet.

⇨ Der Katalog wird mit dem Namen *Tubing Teile Katalog* gespeichert.

Kapitel erstellen

⇨ Der Kapitelname wird mit der rechten Maustaste *Objekt ... > Definition* entsprechend geändert. In diesem Fall lautet das Kapitel *Stecker mit Gewindestutzen*. Weiter ist es möglich, sich eine bestimmte Struktur im Katalog zu erstellen. Das bedeutet es können Kapitel, Familien und Komponenten strukturell aufgebaut werden. Mit welchen Funktionen das erfolgt wird in der Tabelle gezeigt.

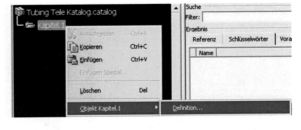

Symbol	📁	🗐	🗋	📑
Beschreibung	*Kapitel hinzu-fügen*	*Familie hinzufügen*	*Komponente*	*Generatives Teil hinzufügen*
Funktion	Eigene Kapitel können erstellt werden.	Unter den Kapiteln können Familien mit den verschiedenen Typen (Tubing, Standard, Piping, usw.) erstellt werden.	Komponenten können in Familien angelegt werden.	Den Komponenten werden Tubing-Teile zugeordnet.

Bevor jetzt das Tubing-Teil eingefügt werden kann, muss das Kapitel aktiv sein. Erst jetzt kann die Funktion *Teilefamilie hinzufügen* 📑 selektiert werden.

Tubing-Teil in Katalog einfügen

⇨ Das Dialogfenster *Definition der Teilefamilie* öffnet sich. Der Familienname (in dieser Übung Stecker) und der Typ (Tubing) werden definiert. Mit der Funktion *Dokument auswählen* wird jetzt das gewünschte Tubing-Teil ausge-

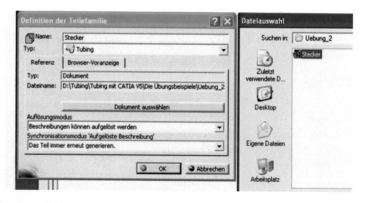

wählt und mit *Öffnen* in die Teilefamilie geholt. Mit OK wird das Dialogfenster *Definition der Teilefamilie* geschlossen.

Unterschiedlichen Bauteilgrößen auflösen

⇨ In der Katalogstruktur ist die neue Teilefamilie (Stecker) hinzugefügt. In der Familie werden jetzt die in der Konstruktionstabelle definierten Teile dargestellt, jedoch noch mit einer einzigen Größe. Daher ist es wichtig die Teile mit der Konstruktions-

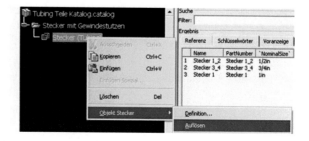

tabelle aufzulösen. Das erfolgt über die rechte Maustaste auf die *Familie und Objekt... > Auflösen*. Erst jetzt werden die unterschiedlichen Größen des Steckers konfiguriert.

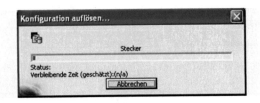

⇨   Unter   *Voranzeige* sind jetzt die unterschiedlichen Steckergrößen grafisch dargestellt.

⇨   Zum Schluss wird der Katalog noch gespeichert. In der folgenden.

Wie man die Tubing-Teile aus dem Katalog in eine Baugruppe einfügt, zeigt die nächste Übung.

4.3.2 Übung 4 – Tubing-Teil aus Katalog in Baugruppe einfügen

Bei dieser Übung soll jetzt der neu definierte Katalog verwendet und das in Übung 2 parametrisierte Tubing-Teil (Stecker) aus dem Katalog in eine Baugruppe eingefügt werden. In der Baugruppe befindet sich eine Konsole mit einer Gewindebohrung, in welche der Stecker platziert werden soll.

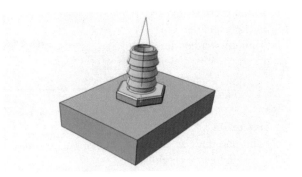

Beispiel öffnen

⇨   Das Übungsbeispiel 4 in der Tubing-Arbeitsumgebung öffnen.

Katalogbrowser öffnen

⇨   Über das Klappmenü *Einfügen > Place Object from Catalog...* den Katalogbrowser öffnen.

⇨ Mit der Funktion *Anderen Kata-log anlegen*  im Katalog-browser muss jetzt der ge-wünschte Katalog (Tubing-Teile-Katalog aus Übung 3) aus dem Verzeichnis ausgewählt werden. Jetzt ist der gewünschte Katalog mit den enthaltenen Teilen ver-fügbar.

⇨ Die Teilefamilie *Stecker (Tubing)* wird mit einem Dop-pelklick aktiviert und es werden rechts davon die unter-schiedlichen Nenn-weiten aufgelistet.

⇨ Die gewünschte Nennweite im Katalog selektieren und direkt in die Baugruppe einfügen. Dazu die Verbindung der Konsole se-lektieren. Das Bauteil wird ge-nau in die Gewindebohrung platziert, ausgerichtet und mit der Konsole über assoziative Bedingungen verlinkt. Das be-deutet: wird die Konsole oder der Stecker verschoben, werden sie mit einer Aktualisierung wieder automatisch miteinander verbunden.

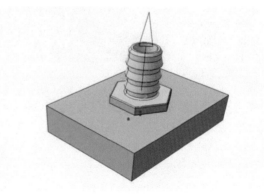

Hinweis: *Das Teil kann an jeden beliebigen Punkt oder an Verbindungen (Connectoren) platziert werden. Die Position der Platzierung wird immer durch einen Mausklick bestätigt. Es können beliebig viele Teile eingefügt werden, solange der Katalogbrowser geöffnet ist.*

⇨ Anhand von dieser Übung ist jetzt ersichtlich, dass Verbindungen und ein Katalog viele Vorteile mit sich bringen, da die Teile einfach ausgewählt und mit der richtigen Ausrichtung platziert werden können, ohne eigenständig noch assoziative Bedingungen definieren zu müssen.

Teile mit Place Tubing Part aus Tubing-Katalog einfügen

Mit der Funktion *Place Tubing Part* ![icon] können ebenfalls wie mit der Funktion *Place Object from Catalog...* ![icon] Tubing-Teile aus einem Katalog eingefügt und platziert werden. Die Unterschiede zwischen diesen beiden Funktionen werden im Anschluss gezeigt.

Die Funktion greift dabei auf den Standardkatalog von Tubing zu. In diesem befinden sich verschiedenene parametrisierte Tubing-Teile. Zu finden ist der Katalog in folgendem Verzeichnis *X:\ Programme\ Dassault Systemes\ B19\ intel_a\ startup\ EquipmentAndSystems\ Tubing\ TubingDesign\ ComponentCatalogs\ Parametric.*

In diesem Fall wird der Katalog um das in Übung 2 konstruierte und parametrisierte Tubing-Teil erweitert. Dazu wird dieses mit der Konstruktionsliste in den Ordner *Parametric* gespeichert. Im Anschluss ist der Katalog TubingParts aus dem Ordner *Parametric* zu öffnen und mit

der Funktion *Katalog erzeugen/ändern* ![icon] automatisch um das neue Teil zu erweitern. Das Teil wird dabei immer jener Teilefamilie zugeordnet, welche bei der Erstellung des Tubing-Teils im Klassenbrowser selektiert wurde. Das heißt bei dem Stecker aus Übung 2 handelt es

sich um einen Adapter, deshalb wird er der Familie Adapter zugeordnet.

Hinweis: *Über die Funktion Generatives Teil hinzufügen* ![icon] *können Teile auch manuell einer Teilefamilie zugefügt werden.*

Des Weiteren muss jetzt die nominale Größe der neu hinzugefügten Teile noch angepasst werden. Das erfolgt im Fenster *Schlüsselwörter* der jeweiligen Teilefamilie. Mit einem Doppelklick auf das Teil öffnet sich das Dialogfenster *Beschreibungsdefinition*. In diesem Fenster kann jetzt über Schlüsselwortwerte die *nominale Größe* manuell angepasst werden.

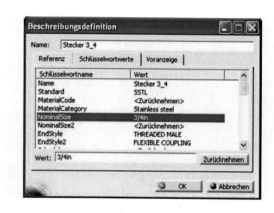

Das Dialogfenster wird mit OK geschlossen. Im Fenster Schlüsselwörter sind die angepassten Nominalen Größen sichtbar. Sind alle Definitionen beendet, wird der Katalog gespeichert.

Mit der Funktion *Place Tubing Part* können jetzt die neu hinzugefügten Teile aus dem Katalog *TubingParts* in eine Baugruppe eingefügt werden. Dazu wird die Verbindung und im Anschluss über den *Klassenbrowser* die jeweilige Funktion selektiert. In diesem Fall ist der Stecker eine Anschlussfunktion. Aus dem Dialogfenster *Teileauswahl* kann das gewünschte Teil selektiert und eingefügt werden.

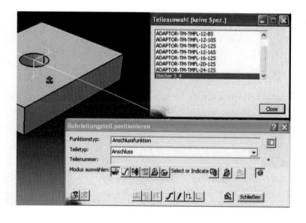

Hinweis: *Wie aus dem Dialogfenster Teileauswahl zu entnehmen ist, stehen nicht alle drei Steckergrößen zur Auswahl, sondern nur jener mit dem ¾ inch Anschluss. Das liegt daran, dass in diesem Moment mit einer Line ID der Größe ¾ inch konstruiert wird. Bei dieser Funktion erfolgt eine Filterung der Katalogkomponenten und Line ID. Das Risiko falsche Teile mit unterschiedlichen Gößen zusammen zu bauen, verringert sich dadurch!*

5 Flexible Leitungen

Dieser Abschnitt baut auf den Kapiteln 3 und 4 auf. Es wird gezeigt, wie Leitungen im Zusammenhang mit Tubing-Teilen bzw. Verbindungen (Connectoren) konstruiert werden. Ein weiterer Schwerpunkt dieses Kapitels ist, den strukturellen Aufbau und die unterschiedlichen geometrischen Elemente einer flexiblen Leitung zu zeigen. Auch wird gezeigt, wie flexible Bündel und parallelverlaufende Leitungen konstruiert und modifiziert werden können.

5.1 Flexible Leitung mit Verbindung (Connector)

Eine flexible Leitung mit Verbindungen oder Durchgängen zu erstellen, bietet Vorteile und Flexibilität für den Konstrukteur. Aus diesem Grund ist es empfehlenswert, eine Leitung immer mittels Tubing-Verbindungen zu erstellen. Der Vorteil ist, dass in dem Tubing-Teil oder der Verbindung (Connector) schon sehr viele Informationen für die Leitung enthalten sind und nicht mehr definiert werden müssen.

Um mit Verbindungen sinnvoll zu konstruieren, ist es notwendig, dass diese in der Baugruppe platziert sind, bevor die Leitung erstellt wird. Erst dann kann mit der eigentlichen Leitungskonstruktion begonnen werden. Es wird also eine Line ID ausgewählt und die Funktion *Flexible tube routing* selektiert. Im Dialogfenster *Flexibles Teil verlegen* werden die nötigen Definitionen getroffen und im Anschluss kann mit der Selektion der Tubing-Teile und der Definition des Leitungsverlaufes begonnen werden.

Hinweis: *Im Dialogfenster Flexibles Teil verlegen, sollte bei der Längendefinition an den Enden gleich die Länge der Verbindung definiert werden. Orientiert man sich an der rechten Abbildung, dann ergibt sich in diesem Fall eine gerade Länge für die Leitung am Stecker von 30 mm. Das bedeutet im Dialogfenster wird eine gerade Länge von 30 mm definiert. Erfolgt die Definiton nicht gleich in diesem Dialogfenster muss sie später nachträglich geändert werden.*

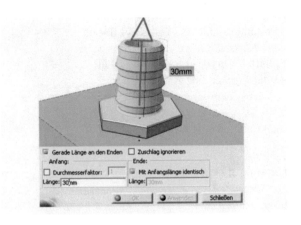

Für die Selektion der Verbindung muss der Verbindungspfeil (blau) selektiert werden und es wird automatisch der Leitungsendpunkt erzeugt. Wenn der Verbindungspfeil nicht dargestellt oder verdeckt ist, dann muss der Cursor über das Teil bewegt werden und die Verbindung wird ebenfalls mittels Punkt oder Pfeil (grün) dargestellt. Eine weitere Möglichkeit für die Selektion der Verbindung ist im Dialogfenster *Flexibles Teil verlegen* beim Verlegungsmodus. Mit den Funktionsfiltern *Nur einen Anschluss auswählen*

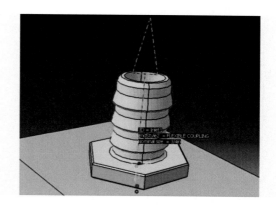

oder *Dialogfenster für Teilanschluss* können nur Verbindungen (Connectoren) selektiert werden. Nachdem die Verbindung ausgewählt wurde, kann mit der Definition des Leitungsverlaufes fortgefahren werden.

Hinweis: *Wird der Verbindungspfeil (Connectorpfeil) nicht dargestellt, kann dieser mit der Funktion Verbindungselement an einem Teil anzeigen/verdecken ⚙ sichtbar gemacht werden.*

Am anderen Ende einer Leitung wird dann der Vorgang für die Definition der Verbindung wiederholt. Das Dialogfenster *Flexibles Teil erzeugen* wird mit OK geschlossen und die Leitung mit den Verbindungen erzeugt. Die geraden Längen an den Enden der Leitung werden wie definiert ausgeführt. Weitere Vektorendefinitionen sind nicht notwendig, da alle benötigten Informationen in der Verbindung enthalten sind.

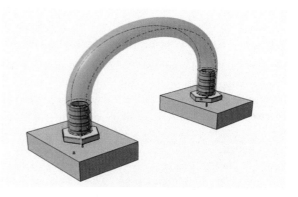

Wie bereits erwähnt ist die Leitung assoziativ abhängig von den Verbindungen bzw. Verbindungsteilen. Das heißt: ändert sich zum Beispiel die Position der Verbindungsteile, wird die flexible Leitung nach einer Aktualisierung ebenfalls neu angepasst. In der rechten Abbildung wurde die vordere Verbindung in z-Richtung verschoben. Die Leitung wird nach der Aktualisierung automatisch angepasst, ohne

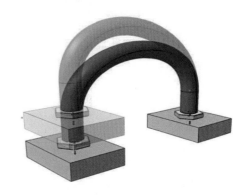

irgendwelche weiteren Konstruktionsschritte durchführen zu müssen. In diesem Anwendungfall wurde die Konsole und der Stecker über eine Verbindung assoziaitv zusammengebaut. Das ergibt wiederum den Vorteil, dass der Stecker und die Leitung automatisch auf die neue Position angepasst werden, wenn sich die Position der Konsole ändert.

Das Konstruieren mit Verbindungen bzw. Tubing-Teilen bietet also viele Vorteile wie:

- Es müssen keine Anschlusspunkte an Bauteilen extra definiert werden.
- Eine Ausrichtung der Leitung mit Vektoren an den beiden Leitungsenden ist nicht notwendig.
- Die Verbindungen (Connectoren) sind schnell und einfach auszuwählen.
- Leitung und Verbindung sind assoziativ.
- Schnelle Anpassung der Leitung bei einer Positionsänderung der Verbindung
- Die Leitungsenden werden gerade entlang der Verbindung ausgerichtet.

Aus diesem Grund werden alle weiteren Übungen nur mittels Verbindungen (Connectoren) erstellt und nicht wie es in den Grundlagen (Kapitel 3) gezeigt wurde. Die Methodik wie in Kapitel 3 wurde nur deshalb vorgestellt, um in den folgenden Kapiteln die Vorteile von Verbindungen (Connectoren) und Tubing-Teilen besser zu verstehen.

5.1.1 Der Strukturbaum einer flexiblen Leitung

In einer flexiblen Leitung sind viele geometrische Elemente im Strukturbaum enthalten. Für die Konstruktion ist es wichtig diese Elemente, deren Zweck und Zusammenspiel mit anderen Elementen zu kennen. Gerade für das Modifizieren ist es oft wichtig zu wissen, wo man welche Elemente findet, da diese gelegentlich mit neuen Elementen ersetzt, gelöscht oder neu definiert werden. Diese Vorgänge sind dann über den Strukturbaum zu vollziehen. Zum Beispiel das nachträgliche Ändern des Leitungsverlaufes (Knotenpunkte hinzufügen/ entfernen) oder eine neue Verbindungsreferenz, sind typische Anwendungen, wo geometrische Elemente im Strukturbaum geändert werden müssen. Um welche Elemente es sich konkret handelt, zeigt die folgende Abbildung eines Leitungsstrukturbaumes.

Wird also eine flexible Leitung erstellt beinhaltet sie

- die drei Grundebenen
- Achsensysteme
- Parameter
- Beziehungen
- den Körper (Double)
- ein Geometrisches Set *Externe Verweise* (Verbindungen)
- ein Geometrisches Set RibPath

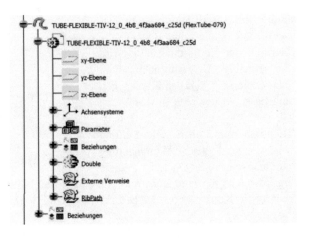

Was diese Elemente enthalten und welchen Zweck sie für die flexible Leitung erfüllen, wird im Anschluss bei einer detaillierten Vorstellung dieser Elemente gezeigt.

Die drei Grundebenen

Im Schnittpunkt dieser drei Ebenen liegt der absolute Nullpunkt der Leitung. Ausgehend von diesem Ursprung werden alle weiteren geometrischen Elemente wie zum Beispiel Punkte und Achsensysteme referenziert. Bei der Erstellung einer

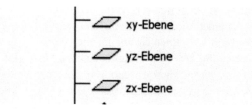

neuen Leitung sind diese drei Ebenen standardmäßig immer im verdeckten Modus.

Achsensysteme

Bei der Konstruktion einer flexiblen Leitung werden automatisch immer zwei Achsensysteme erzeugt. Das erste Achsensystem bildet den Startpunkt der Leitung ab und ist auf den absoluten Nullpunkt referenziert. Werden zum Beispiel die Koordinaten der Knotenpunkte für eine Biegetabelle benötigt, dann referenzieren

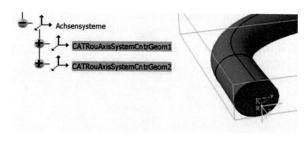

sich diese immer auf dieses Achsensystem und nicht auf das absolute. Das zweite Achsensystem bildet den Endpunkt der Leitung. Wie die Ebenen, sind auch diese Achsensysteme im

verdeckten Modus und können wenn gewünscht über die Funktion *Verdecken/Anzeigen* eingeblendet werden.

Parameter

Es werden zwei Parameter erzeugt. Das sind die Teile-Nummer (PartNumber) und der Leitungsdurchmesser (TubeDiameter). Von diesen zwei Parametern ist vor allem der Leitungsdurchmesser interessant,

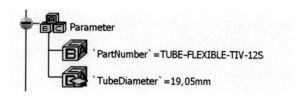

da sich dieser direkt auf die Querschnittskizze der Leitung bezieht. Möchte man zum Beispiel den Durchmesser beliebig und unabhängig von der Line ID steuern, wird das über diesen Parameter durchgeführt. Wie die genaue Modifikation erfolgt, wird etwas später noch genauer beschrieben.

Körper – Double

Hier ist die eigentliche Volumenge-
ometrie der Leitung eingeordnet. Die
Leitung wird mit Hilfe einer Rippe
erstellt. Wie es aus dem Part Design
bekannt ist, benötigt man für eine
Rippe immer eine Skizze für den
Querschnitt und einen Spline für die

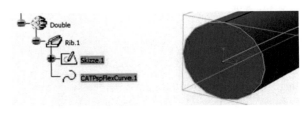

Beschreibung des Querschnittsverlaufes. Das heißt in diesem Double befinden sich die Rippe
(Rib) und dieser untergeordnet die Querschnittskizze sowie der Verlauf (Spline). Der Durchmesser der Querschnittskizze referenziert sich auf den Parameter *TubeDiameter*.

Geometrisches Set – Externe Verweise

In diesem Geometrischen Set werden
alle externen Verweise abgelegt. Bei
einer flexiblen Leitung sind das also
meistens die Referenzelemente der
Verbindungen (Connectoren). Dabei
handelt es sich oft um Punkte und
Ebenen.

Geometrisches Set – RibPath

In diesem Geometrischen Set werden
alle geometrischen Elemente wie der
Spline welche den Leitungsverlauf
beschreibt, eine Ebene für die Skizze
(Querschnitt), die Linien für die
Vektorausrichtung an den Leitungsenden und alle Knotenpunkte (3D-
Punkte) für den Leitungsverlauf bzw.
für die Spline abgelegt. Werden zum
Beispiel neue Knotenpunkte hinzugefügt, dann sollten sie in diesem Set
abgelegt werden, genauso wie alle
Elemente die einen Vektor beschrei-

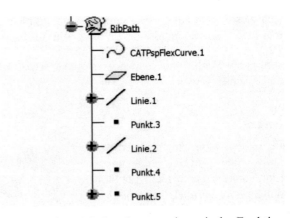

ben. Grundsätzlich sind diese Elemente im verdeckten Modus, können aber mit der Funktion

Verdecken/Anzeigen sichtbar gemacht werden.

Beziehungen

In den Beziehungen werden die Formeln mit den unterschiedlichen Parametern wie beispielsweise für den

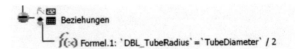

Durchmesser beschrieben. Der Formeleditor wird durch einen Doppelklick auf die Formel oder über die *rechte Maustaste > Objekt Formel > Definition* geöffnet.

Das sind die wichtigsten geometrischen Elemente einer flexiblen Leitung. Im nächsten Schritt wird gezeigt, wie mit Hilfe dieser Elemente eine flexible Leitung modifiziert werden kann.

5.1.2 Modifizieren einer flexiblen Leitung

Gerade Längen

Bei der Definition einer flexiblen Leitung können im Dialogfenster *Flexibles Teil verlegen* gerade Längen an den Enden der Leitung definiert werden. Dabei wird eine bestimmte Länge in Millimeter definiert wie es zu Beginn des Kapitels 5.1 gezeigt wurde. Es gibt natürlich auch die Möglichkeit diese Länge zu ändern nachdem die Leitung erzeugt wurde. Durch die Eingabe am Beginn im Dialogfenster, wurde ein Punkt

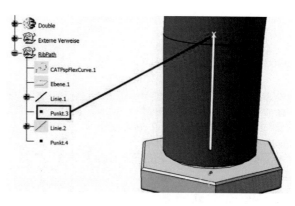

erzeugt, welcher genau auf einer Geraden verläuft. Diesen Punkt findet man im Geometrischen *Set RibPath*.

Mit einem Doppelklick auf den 3D-Punkt im geometrischen Set oder über die rechte Maustaste *Objekt Punkt > Definition,* gelangt man in das Dialogfenster *Punktdefinition*. In diesem Dialogfenster ist es möglich, eine neue gerade Länge zu definieren. Dabei wird der Punkt entsprechend der neuen Länge angepasst und die Spline bzw. Leitung an der neuen Punkteposition. So kann einfach und schnell die gerade Länge an den Enden einer Leitung verändert werden.

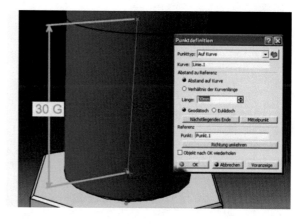

Spline Definition

Mit Hilfe der Spline Definition wird eine flexible Leitung erweitert bzw. verändert. Es ist möglich, den Leitungsverlauf mit neuen Punk-

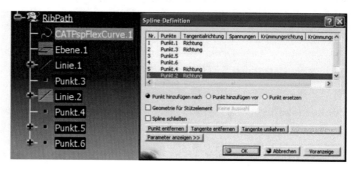

ten zu ergänzen oder zu löschen. Weiter wird es ermöglicht, einen Vektor an einem Knotenpunkt zu definieren bzw. zu löschen. Mit einem Doppelklick auf den Spline im Geometrischen Set *RibPath* oder über die rechte *Maustaste Objekt > Definiton* gelangt man in das Dialogfenster *Spline Definition*.

Punkt hinzufügen nach: kann dem Spline ein neuer 3D-Punkt hinzugefügt werden. Der Punkt wird dabei immer nach den im Dialogfenster selektierten Punkt eingefügt. Für die Auswahl muss einfach die Geometrie des neuen 3D-Punktes oder direkt der Punkt im Strukturbaum selektiert werden

Es gibt genauso die Möglichkeit einen Punkt direkt im Dialogfenster *Spline Definition* zu erzeugen. Dazu muss ein Punkt im Dialogfenster mit der rechten Maustaste selektiert werden. Es öffnet sich ein Fenster, in dem mehrere Möglichkeiten zur Definition eines neuen Punktes zur Auswahl stehen. Diese sind:

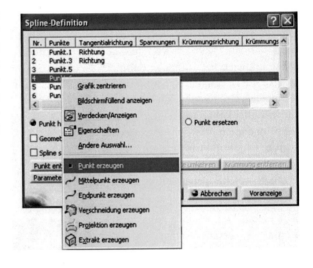

- Punkt erzeugen
- Mittelpunkt erzeugen
- Endpunkt erzeugen
- Verschneidung erzeugen
- Projektion erzeugen
- Extrakt erzeugen

Der Unterschied in diesem Fall ist, dass der neu erzeugte Punkt nicht selbständig, sondern dem Spline zugeordnet ist. Das heißt der Punkt ist unter dem Spline im Strukturbaum angehängt und liegt nicht als selbst-ständiger 3D-Punkt im Geometri-

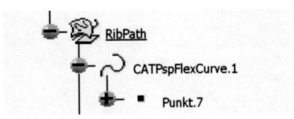

schen Set. Soll dieser Punkt gelöscht werden, funktioniert das nur über die Spline Definition aber nicht direkt über den Strukturbaum. Wird der Spline gelöscht wird auch der Punkt gelöscht!

Hinweis: *Aus diesem Grund ist es empfehlenswert immer unabhängige 3D-Punkte im Geometrischen Set zu erzeugen, weil dadurch mehr Flexibilität gegeben ist.*

Punkt hinzufügen vor: Ist die gleiche Funktion wie *Punkt hinzufügen nach,* nur dass in diesem Fall der Punkt *vor* den im Dialogfenster selektierten Punkt eingefügt wird.

Punkt ersetzen: Der im Dialogfenster selektierte Punkt wird durch den neu ausgewählten Punkt (durch Selektion) ersetzt.

Außerdem gibt es auch die Möglichkeit an jedem Punkt eine Tangente (Vektor) zu definieren, um der Spline an dieser Stelle eine Richtung vorzugeben. Das ist besonders dann erforderlich, wenn der Leitung zum Beispiel durch einen Halter oder Kabelbinder eine Richtung mitgegeben wird. Diese Tangente wird im Dialogfenster in der Spalte *Tangentialrichtung* dargestellt. Die Definition kann durch die Selektion des Punktes im Dialogfenster und einer anschließenden Auswahl der Tangente wie zum Beispiel eine Linie erfolgen. Der Spline wird im Anschluss entsprechend der neuen Tangente ausgerichtet. Oder die zweite Möglichkeit ist wieder direkt im Dialogfenster, in dem in der Spalte *Tangentialrichtung* auf Höhe des jeweiligen Punktes auf die rechte Maustaste geklickt wird. Es öffnet sich ein weiteres Fenster in dem wieder mehrere Möglichkeiten für die Tangentendefinition zur Auswahl stehen.

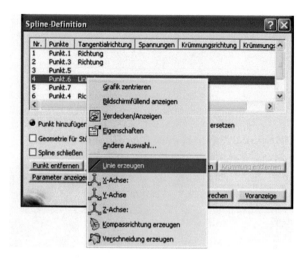

Hinweis: *Die Funktion Kompassrichtung erzeugen ist oft sehr hilfreich eine Tangente schnell auszurichten und zu definieren. Es muss einfach der Kompass wie gewünscht ausgerichtet und die Funktion im Anschluss selektiert werden. Mit der Funktion Tangente umkehren im Dialogfenster, kann die Richtung der Tangente gewechselt werden.*

Mit den Funktionen *Punkt entfernen* und *Tangente entfernen* können Punkte oder Tangenten gelöscht werden.

Leitungsdurchmesser manuell ändern

Der Leitungsquerschnitt besteht aus einem Kreis, dessen Durchmesser sich durch die jeweilige Line ID ergibt. Es besteht aber auch die Möglichkeit diesen Durchmesser manuell über den Parameter oder über die Line ID zu ändern.

Ist es gewünscht den Leitungsdurchmesser manuell zu ändern, dann erfolgt dies über das Löschen der Formel im Parameter *TubeDiameter*. Der Parameter *TubeDiameter* wird im Strukturbaum über einen Doppelklick

geöffnet. Im Dialogfenster *Parameter bearbeiten* kann noch kein neuer Durchmesser definiert werden, da die Funktion noch ausgegraut ist. Erst durch das Selektieren der Funktion *Öffnet*

einen Dialog, in dem die übergeordnete Gleichung geändert werden kann $f_{(x)}$, wird der

Formeleditor geöffnet. Aus diesem kann mit der Funktion *Löscht das Textfeld*  die Formel *OutsideDiameter* entfernt werden. Wird der Formeleditor geschlossen, kann im Dialogfenster *Parameter bearbeiten* ein beliebiger Durchmesser definiert werden. Die Leitung passt sich diesem Durchmesser automatisch an, weil sich der Kreisdurchmesser in der Querschnittskizze auf diesen Parameter (TubeDiameter) referenziert.

Hinweis: *Der neu definierte Durchmesser stimmt jetzt nicht mehr mit der Line ID überein!*

Leitungsdurchmesser über Line ID ändern

Soll der Leitungsdurchmesser direkt über eine neue Line ID geändert werden, dann erfolgt das mit der Funktion *Größe des Teils ändern*

. Dazu wird im Strukturbaum die flexible Leitung mit der rechten Maustaste selektiert und über *Objekt > Größe des Teils ändern* öffnet sich das Dialogfenster *Größe von Teilen ändern*. In diesem Dialogfenster kann jetzt eine neue nominale Größe definiert werden. Mit OK wird die Eingabe bestätigt und ein weiteres Dialogfenster *Teileoptionen definieren* öffnet sich. Dieses Dialogfenster wird ebenfalls mit OK geschlossen und die Leitung wird der neuen nominalen Größe angepasst. Die Leitung wurde angepasst, jedoch noch nicht die Line ID. Dazu die Line ID im Strukturbaum selektieren und über

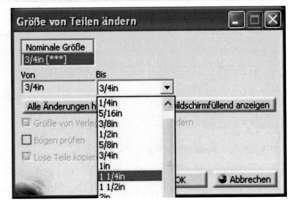

die Funktion *Transfer Line ID*

wird die neue Line ID im Dialogfenster *Bauelemente der Linien-IDs übertragen* selektiert. Das Fenster wird mit OK geschlossen und im Strukturbaum erscheint die neue Line ID. Die alte kann einfach aus dem Strukturbaum gelöscht werden.

Leitungsquerschnitt modifizieren

Im Tubing werden die Leitungen immer vereinfacht als voller Volumenkörper dargestellt, das heißt es ist kein Innendurchmesser dargestellt. Aber auch das ist sehr einfach möglich. Dazu wird die Querschnittskiz-

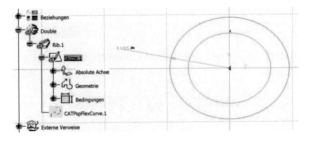

ze, welche der Rippe im Double untergeordnet ist, geöffnet. In dieser Skizze kann jetzt sehr einfach ein zweiter Kreis konstruiert werden, der den Innendurchmesser der Leitung abbildet.

Die Skizze wird verlassen und die Leitung mit dem neu definierten Innendurchmesser dargestellt.

Hinweis: *Mit dieser Methode kann man sich speziell für Details auf Zeichnungen wo zum Beispiel ein genauer Leitungsschnitt gefordert ist, helfen.*

5.2 Lokaler Zuschlag

Diese Funktion wurde bereits in den Grundlagen beim Dialogfenster *Flexibles Teil verlegen* vorgestellt. Der Unterschied bei dieser Funktion ist, dass es sich um einen lokalen Zuschlag handelt. Mit der Funktion

Manage local Slack 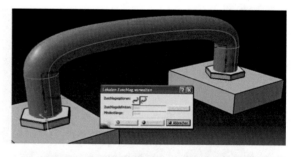 ist es möglich die Länge in den einzelnen Leitungssegmenten zwischen den Knotenpunkten zu definieren. So ist es möglich eine Überlänge darzustellen. Nachdem die Funktion ausgewählt ist, wird die gewünschte Leitung selektiert. Das Dialogfenster *Lokalen Zuschlag verwalten* öffnet sich und die flexible Leitung wird mittels den roten strichlierten Linien in ihre Segmente geteilt. Durch das Selektieren des jeweiligen lokalen Zuschlages kann im Dialogfenster

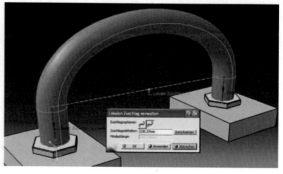

unter Zuschlagsdefinition eine neue Länge definiert werden. Unterhalb der Zuschlagsdefinition wird die Mindestlänge des Leitungssegmentes angeführt. In diesem Fall soll jetzt der Zuschlag erhöht werden. Dazu wird der neue Wert eingegeben und mit OK das Dialogfenster beendet. In der unteren Abbildung ist jetzt deutlich der Unterschied zur Leitung aus der oberen Abbildung aufgrund des lokalen Zuschlages ersichtlich.

Hinweis: *Mit der Funktion Zurücksetzen wird der Zuschlag auf den ursprünglichen Standardwert zurückgesetzt.*

Mit der Funktion *Zuschlag zwischen zwei Punkten ignorieren* 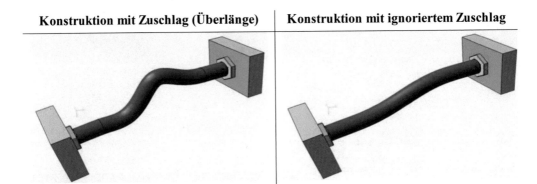 kann der Zuschlag in einem Segment ignoriert werden. Das kann allerdings auch dazu führen, dass die Leitung auf Grund zu enger Radien nicht mehr darstellbar ist. In der folgenden Tabelle wird der Unterschied zwischen einem Zuschlag und einem ignoriertem Zuschlag dargestellt.

Konstruktion mit Zuschlag (Überlänge)	Konstruktion mit ignoriertem Zuschlag

5.3 Verbindungen neu referenzieren

Gerade in einem Entwicklungsprozess gehören ständige Änderungen zum Alltag. So kann es auch vorkommen, dass eine Leitung nicht mehr an dem Stecker A, sondern an dem neuen Stecker B befestigt wird. Das bedeutet die bereits bestehende Leitung muss jetzt neu auf Stecker B referenziert werden. Eine weitere Möglichkeit wäre natürlich die Leitung neu zu konstruieren, doch das bedeutet hoher Aufwand und kostet

Zeit. Aus diesem Grund wird jetzt gezeigt wie Leitungsverbindungen von flexiblen Leitungen neu referenziert werden können. In diesem Fall soll die Leitungsverbindung mit dem T-Stück, wie es in der Abbildung dargestellt ist, neu verbunden werden.

Dazu wird in der zu ändernden Leitung das geometrische Set *Externe Verweise selektiert*. In diesem Set befindet sich für jede Verbindung (Connector) jeweils eine veröffentlichte Ebene und ein Punkt. Ziel ist es, diese veröffentlichten

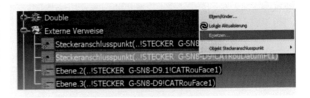

geometrischen Elemente mit den Elementen der neuen Verbindung zu ersetzen. In diesem Fall werden also die geometrischen Elemente (Punkt und Ebene) von Verbindung zwei ersetzt. Dazu wird die Veröffentlichung (CATRouDatumPt1 ➔ Punkt) mit der rechten Maustaste selektiert. Mit der Funktion *Ersetzen* wird das benötigte Dialogfenster *Ersetzen* geöffnet. Jetzt muss das zu ersetzende Element, in diesem Fall der Punkt (CATRouDatumPt1), von Ver-

bindung eins des T-Stückes selektiert werden. Im Dialogfenster werden die zu ersetzenden Elemente angeführt. Mit OK wird die Eingabe bestätigt und das Dialogfenster geschlossen. Der gleiche Vorgang muss jetzt mit der Ebene der jeweiligen Verbindung durch-geführt werden.

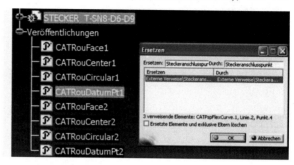

Leitung (Ebene)	ersetzen durch T-Stück (Ebene)

Mit dem Abschluss dieses Vorgangs wird die flexible Leitung auf die neue Verbindung referenziert. Der Vorteil ist, dass die Referenz assoziativ bleibt. Wird der Stecker mit der Verbindung erneut platziert oder verschoben, passt sich die Leitung der Verbindung nach einer Aktualisierung mit der Funktion *Aktualisierung erzwingen*  an.

Hinweis: *Das Ersetzen von Verbindungen bzw. neu Referenzieren funktioniert nur dann, wenn in den Optionen > Infrastruktur > Teileinfrastruktur > Allgemein unter Externe Verweise die Option Verknüpfung mit ausgewähltem Objekt beibehalten aktiviert ist.*

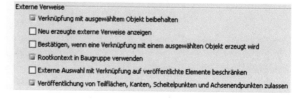

5.4 Konstruieren von Befestigungsbindern

Pneumatische Leitungen oder zum
Beispiel auch Wellschläuche werden
oft mit Befestigungsbindern (Kabelbinder) an Halter befestigt. Dieses
Thema hat nicht direkt etwas mit der
Tubing-Konstruktion zu tun, doch
meistens bestimmen die Leitungskon-
strukteure auch die Befestigungsposi-
tion und Befestigungsart. Das bedeutet sie sind auch für die Dokumentation dieser Elemente zuständig. Deshalb wird in diesem Kapitel ein Vor-
schlag für eine vereinfachte Kon-
struktion eines Befestigungsbinders an Leitungen und einem Halter gezeigt.

Die Aufgabe in diesem Fall lautet,
das Leitungsbündel mit einem Befestigungsbinder (Kabelbinder) an dem
Halter zu befestigen. Für die Position
des Kabelbinders ist am Halter ein
Langloch angebracht. Der Kabelbinder wird durch dieses Langloch gefä-
delt und über das Bündel gelegt. Für
den Kabelbinder wird in dem Produkt
einfach ein neues Teil (Part) erzeugt.
Im ersten Schritt muss eine Ebene,
die in diesem Fall genau in der Mitte

des Langlochs platziert ist, erzeugt werden. Die Ebene kann über ein Offset oder über drei
Punkte erzeugt werden. Die Punkte werden dabei über die Halbkreise des Langloches
abgeleitet.

Mit Hilfe dieser drei Punkte wird mit
der Funktion *Ebene* eine Ebene
erzeugt. Auf dieser Ebene kann jetzt
eine Skizze erstellt werden.

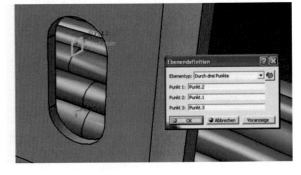

In der Skizze wird mit der Funktion

3D-Elemente schneiden die Außenkontur des Bündels und des Halter abgebildet. Es müssen nur die äußersten Leitungen geschnitten werden. Ist dieser Vorgang beendet, müssen die Kreise sowie die Halterkontur mit Linien verbunden werden, so dass eine Außenkontur entsteht.

Hinweis: Mit *der Funktion*

Bitangentiale Linie *können die Schnittkonturen (Kreise) der Leitungen einfach und schnell mit einer Linie verbunden werden.*

Damit aus der Kontur auch ein Körper erzeugt werden kann, müssen die Kreise und überständigen Linien noch entsprechend getrimmt werden, damit eine saubere Außenkontur entsteht. Kanten und Ecken werden noch mit einem beliebigen Radius verrundet. Mit der Funktion *Block*

wird jetzt aus der Skizze ein Volumenkörper erzeugt. Der Körper wird mit *zwei* Begrenzungen einem *dicken Profil* und einer *Spiegelung* erstellt. Das ist die die schnellste und einfachste Methode.

Hinweis: *Eine weitere Möglichkeit ist die Skizze in eine Fläche zu extrudieren und im Anschluss den Körper über ein Aufmaß zu erzeugen.*

5.5 Übung 5 - Flexible Leitung mit Verbindungen

In diesem Übungsbeispiel werden flexible Leitungen mit Hilfe von Verbindungen (Connectoren) konstruiert.

Ziel: Eine Leitung muss von einem Kupplungskopf, der mit einem Halter am vorderen Querträger eines Nutzfahrzeuges befestigt ist, zu einem Ventil im Rahmenlängsträger verlegt werden. Die Befestigung der Leitung erfolgt mittels Kabelbinder und Be-

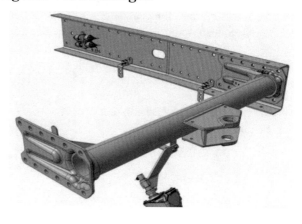

festigungsclips die an den Haltern angebracht sind. Eine weitere Leitung muss von einem Kupplungsstecker entlang des Rahmenlängsträgers über die Befestigungsclips zu dem gleichen Ventil geführt werden. Die Verbindungsteile (Stecker) sind bereits alle in der Baugruppe vorplatziert.

Tubing Arbeitsumgebung öffnen

⇨   *Start > Systeme & Ausrüstung > Tubing Discipline > Tubing Design*

Line ID auswählen

⇨   Mit der Funktion *Select/Query*

Line ID die ID TL105-1/2in-SS150R-FG im Dialogfenster *Linien-ID auswählen.* Das Dialogfenster mit OK schließen

Erste Flexible Leitung konstruieren

⇨   Die Funktion *Flexible tube rou-*

ting selektieren. Im Dialogfenster *Flexibles Teil verlegen* werden folgenden Einstellungen vorgenommen:

- Standardalgorithmus
- Erstellungsmodus: Zuschlag mit Null Prozent
- Gerade Längen an den Enden mit jeweils 25 mm.

⇨   Nach diesen Einstellungen kann mit der Selektion der Knotenpunkte für den Leitungsverlauf begonnen werden. Es wird mit der Leitung vom Kupplungskopf zum Ventil begonnen.

⇨   Die Verbindung (Connector) des Kupplungskopfes selektieren (grüner Pfeil). Der Beginn der Leitung ist jetzt definiert.

Knotenpunkt eins erzeugen

⇨ Im nächsten Schritt werden mit der Funktion *Offset für Untersei-te*  die beiden Befestigungs-punkte am Querträger definiert. Die Leitung liegt dabei an den am Querträger angeschweißten Haltern an. Das bedeutet der Offsetwert beträgt Null Millimeter. Die Offsetpositionen werden mit einem Mausklick bestätigt und erzeugt.

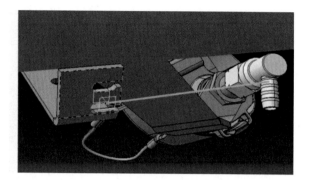

Knotenpunkt zwei erzeugen

⇨ Den zweiten Befestigungspunkt der flexiblen Leitung am Querträger mit der Offsetfunktion definieren.

Knotenpunkt drei und vier erzeugen

⇨ Nachdem Querträger wird die Leitung in den Rahmenlängsträger geführt und dort in Clips befestigt. An den Clips sind Durchgangsverbindungen definiert. Das heißt es wird die Verbindung (Connector) selektiert. Dazu wird im Verlegungsmodus die Funktion *Nur einen Anschluss auswählen* selektiert.

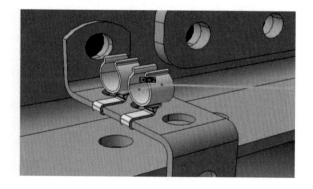

Knotenpunkt fünf und sechs erzeugen

⇨ Die letzten Knotenpunkte am Befestigungsclip und vor dem Ventil werden definiert. Der Vorgang ist identisch wie bei den Punkten drei und vier.

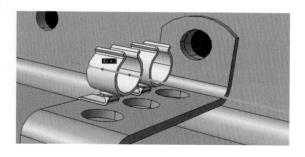

Hinweis: *Bei dem Clip ist es wichtig, dass bei der Selektion der Verbindungen immer beide selektiert werden. Es genügt nicht, wenn nur eine Verbindung am Clip selektiert wird, da der Leitung kein Richtungsvektor mitgegeben wird und daher die Leitung bei einer Verdrehung des Clips nicht sauber durch die Bohrung durchläuft.*

Leitungsanschluss am Ventil definieren

⇨ Das Leitungsende wird mit der Verbindung (Connector) am Ventil definiert. Mit der Auswahl der Verbindung ist das Leitungsende definiert, die Leitung erstellt und das Dialogfenster *Flexibles Teil verlegen* wird automatisch geschlossen.

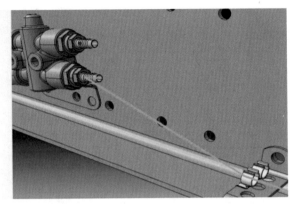

Leitung modifizieren

⇨ Die Leitung ist mit einem *Zuschlag* von Null Prozent konstruiert worden. Aus diesem Grund erscheint die Leitung an bestimmten Stellen etwas eckig und muss mit dem *lokalen Zuschlag* dem gewünschten Verlauf angepasst werden. Der Zuschlag zwischen Kupplungskopf und der Befestigung am Querträger wird auf 185 mm erhöht. Der Leitungsverlauf wird somit etwas runder, wie an der orangen Leitung in der rechten Abbildung erkennbar ist. Die blaue Leitung ist der Ausgangszustand mit einem Zuschlag von Null Prozent.

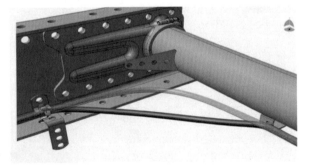

⇨ Der Leitungsübergang vom Querträger in den Rahmenlängsträger muss ebenfalls angepasst werden. Der Zuschlag wird auf 470 mm erhöht, die Leitung somit in einem größeren Bogen verlegt und der Bauraum besser ausgenutzt. Die orange Leitung stellt den Zuschlag mit 470 mm und die blaue Leitung den Ausgangszustand dar.

Zweite Flexible Leitung konstruieren

⇨ Die zweite Leitung führt jetzt
vom Ventil im Rahmenlängsträger zu dem Kupplungsstecker
über dem Querträger. Für diese
Leitung wird die bereits ausgewählte Line ID TL105-1/2in-
SS150R-FG verwendet.

⇨ Die Funktion *Flexible Tube*
routing 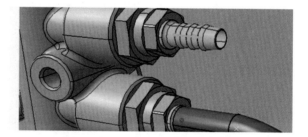 wird selektiert und
im Dialogfenster *Flexibles Teil*
verlegen die gleichen Einstellungen wie bei der ersten Leitung vorgenommen.

Verbindung auswählen

⇨ Nach dem alle Einstellungen
vorgenommen wurden, kann mit
der Auswahl der Verbindung begonnen werden. Dazu wird die
zweite Verbindung (Connector)
am Ventil selektiert.

Knotenpunkte eins und zwei selektieren

⇨ Die nächste Befestigungsstelle
für die Leitung ist der am Halter
aufgesteckte Clip. Hier werden
einfach die beiden Durchgangsverbindungen in Verlegungsrichtung selektiert.

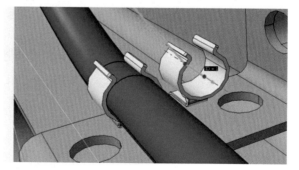

Knotenpunkte vier und fünf selek-
tieren

⇨ Identisch wie am ersten Clip wird die Leitung auch am zweiten Clip befestigt. Das bedeutet die Verbindungen am Clip werden in Verlegungsrichtung selektiert.

Flexible Leitung fertigstellen

⇨ Am Ende wird die Verbindung
am Kupplungsstecker selektiert.
Die Leitung wird erstellt und das
Dialogfenster *Flexibles Teil verlegen* geschlossen. Wenn
notwendig könnte die Leitung
jetzt mit dem lokalen Zuschlag
noch angepasst werden.

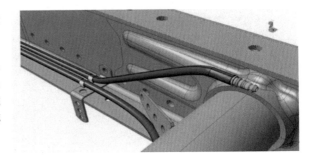

Leitung nach Kabelbinder ausrichten

⇨ Die Leitung am Querträger wird
an den beiden Haltern mittels
Kabelbinder befestigt. Nachdem
der Kabelbinder die Leitung fixiert und ihr eine Richtung vor-
gibt, muss diese in der *Spline
Definition* mittels Vektor definiert werden. Der Spline der Leitung wird eingeblendet. Durch

einen Doppelklick auf den Spline öffnet sich das Dialogfenster *Spline-Definition*. Im Dialogfenster wird der Punkt drei selektiert.

Vektor an Punkt erzeugen

⇨ Durch den Kabelbinder wird der
Leitung eine waagrechte Ausrichtung mitgegeben. Diese Richtung
wird jetzt mit dem Kompass definiert. Dieser wird in diesem
Anwendungsfall auf die Kante
des Halters platziert. Die Leitung
wird nach dem neuen Vektor
(Kompassachse), am Punkt drei
ausgerichtet.

Hinweis: *Wird ein dem Verlauf ent-
gegengesetzter Vektor definiert, kann
das zu Schwierigkeiten führen und
die Leitung nicht erstellt werden.
Genauso kann es vorkommen, dass
durch den neuen Vektor plötzlich die
Vektoren an den Verbindungen ver-*

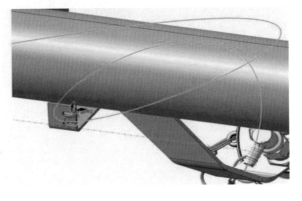

dreht werden und somit ein ungewünschter Leitungsverlauf wie in der Abbildung entsteht oder dieser so komplex ist, dass er nicht erstellt werden kann. In diesem Fall müssen die Vektoren über die Spline Definiton mit der Funktion Tangente umkehren neu ausgerichtet werden.

⇨ Eine weitere Tangente wird am zweiten Befestigungspunkt der Leitung am Querträger durchgeführt. Danach kann das Dialogfenster mit OK geschlossen werden.

Kabelbinder konstruieren

⇨ In die Arbeitsumgebung Assembly Design wechseln

⇨ Einen neuen Part anlegen

⇨ Eine Ebene im Befestigungspunkt erzeugen

⇨ Eine Skizze auf der Ebene erzeugen. Die Außenkontur der Leitung und des Halters mit Hilfe der Funktion *3D-Elemente*

schneiden 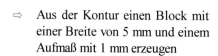 ableiten. Die abgeleiteten Elemente für die Kabelbinderkontur mit Linien verbinden und verrunden

⇨ Aus der Kontur einen Block mit einer Breite von 5 mm und einem Aufmaß mit 1 mm erzeugen

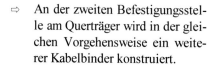

⇨ An der zweiten Befestigungsstelle am Querträger wird in der gleichen Vorgehensweise ein weiterer Kabelbinder konstruiert.

⇨ Mit dem zweiten Kabelbinder ist die Übung beendet. Als weitere Übung kann man die Clips bzw. Verbindungen verschieben und beobachten, wie sich die Leitung anpasst.

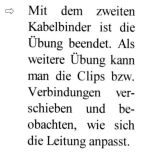
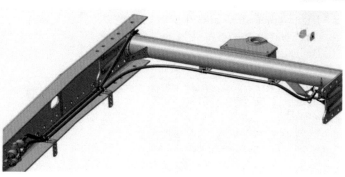

Hinweis: *In manchen Fällen kann es vorkommen, dass bei einer Aktualisierung von Leitungen in einem Produkt diese nicht aktualisiert werden. Dann muss die Leitung (Part) aktiviert und die Aktualisierung im Part Design durchgeführt werden.*

5.6 Übung 6 - Arbeiten mit fixen Längen

In diesem Übungsbeispiel muss eine Untersuchung an Leitungen, die an der orangen Schottplatte angeschlossen und über einen Halter in den Rahmenlängsträger verlegt sind, durchgeführt werden. Die Schottplatte ist am Fahrerhaus befestigt. Dadurch ergeben sich für die Leitungen bei Niveaulage (Kippwinkel 0°) und gekipptem Fahrerhaus (Winkel 50°) unterschiedliche Situationen, die untersucht werden sollen.

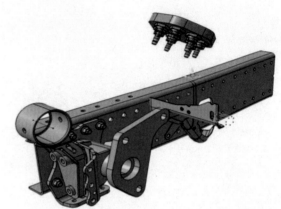

Ziel: Es muss eine Mindestlänge für die Leitungen ausgelegt werden, damit es bei den unterschiedlichen Fahrerhauslagen zu keinem Knicken und Längen der Leitung kommt.

Tubing-Arbeitsumgebung öffnen

⇨ *Start > Systeme & Ausrüstung > Tubing Discipline > Tubing Design*

⇨ Übungsbeispiel 6 öffnen

⇨ Projekt *CNEX*T aus den Projektresourcen auswählen

⇨ Line ID *TL105-1/2in-SS150R-FG* selektieren

Flexible Leitungen konstruieren

⇨ Jetzt werden die Leitungen von der Schottplatte bis zur ersten Befestigungsstelle (Kabelbinder) am Halter konstruiert. Die Funktion *Flexible tube routing*  auswählen. Im Dialogfenster *Flexibles Teil verlegen* folgende Einstellungen vornehmen

- Standardalgorithmus
- Erstellungsmodus: Zuschlag mit 5%
- Gerade Längen an den Enden mit jeweils 25 mm.
- Biegungsradius auf 35 mm erhöhen

Hinweis: *Mit dem Zuschlag von 5% (Erfahrungswert) werden die Leitungen in diesem Fall vorerst etwas länger und mit einer bestimmten Sicherheits-Toleranz ausgelegt, weil die Feinabstimmung erfahrungsgemäß im Versuch erfolgt. Dadurch kann verhindert werden, dass die ersten Prototypen zu kurz sind!*

⇨ Zuerst wird die Verbindung an der Schottplatte und dann die Verbindung am Halter selektiert. Dazwischen werden keine Punkte eingefügt.

⇨ Alle weiteren Leitungen werden wie in der Abbildung ergänzt.

Hinweis: *Die Leitungen werden in diesem Fall nur bis zur ersten Befestigung mittels Kabelbinder am Halter dargestellt, weil der weitere Verlauf der Leitungen am Halter nicht relevant für die Untersuchung ist und sich die Leitung auch nur zwischen diesen zwei Fixpunkten frei bewegen kann.*

⇨ Mit den konstruierten Leitungen, einem maximalen Kippwinkel und einer Längentoleranz von fünf Prozent können die dazu erforderlichen Leitungslängen ermittelt werden. Dazu wird die jeweilige Leitung im Strukturbaum selektiert und über die *rechte Maustaste Objekt > FlexTube > Definition* wird das Dialogfenster *Definition* geöffnet. In diesem Dialogfenster können auch noch Modifikationen vorgenommen sowie die berechnete Mindestlänge und der Mindestbiegungsradius abgelesen werden.

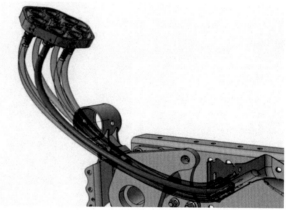

⇨ Damit die nun festgelegten Leitungslängen beibehalten und bei
Niveaulage geprüft werden können, muss im Dialogfenster *Definition* jede einzelne Leitung
auf den Modus *Länge* umgestellt

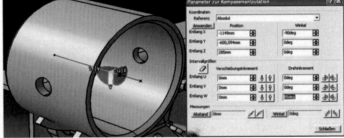

werden. Nur so wird die Leitungslänge fixiert und keine neue Länge mit dem neuen Leitungsverlauf ermittelt. Dieser Vorgang muss mit jeder einzelnen Leitung durchgeführt
werden. So kann jetzt ermittelt werden, ob die Leitungslängen für den gekippten Zustand
und die Niveaulage ausreichen!

Fahrerhaus Kippwinkel simulieren

⇨ Die Niveau-Position
des Fahrerhauses
(Winkel 0°) wird
nachgestellt. Dazu
wird der Kompass
auf die Mittelachse
des Fahrerhauslagers
platziert.

⇨ Danach wird die
Schottplatte selektiert. Durch das Selektieren des Kompasses mit der *rechten Maustaste >
Bearbeiten* öffnet sich das Dialogfenster *Parameter zur Kompassmanipulation*. Entlang
der *Achse W* wird jetzt ein Drehinkrement von 50 Grad definiert.

⇨ Mit der Funktion *Dreht den
Kompass um eine positive Intervallgröße um seine W-Achse*

wird die Schottplatte in die
Fahrerhaus-Niveauposition gebracht.

⇨ Im Anschluss werden mit der
Funktion *Aktualisierung erzwingen* die Leitungen an die
neue Schottplattenposition angepasst.

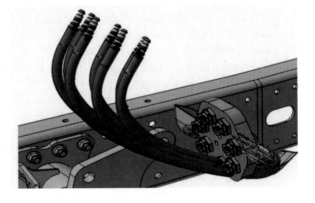

Neue Längen definieren

⇨ Es kommt zu einem Problem: Nicht alle Leitungen werden aktualisiert. Die roten Leitungen können in diesem Fall auf Grund der zu geringen Leitungslänge nicht erzeugt werden. Das bedeutet bei Niveaulage des Fahrerhauses werden die Leitungen auf Grund der geringeren Höhendifferenz stärker gebogen. Damit durch die größere Biegung der Biegungsradius nicht unterschritten wird, benötigen die Leitungen eine größere Länge.

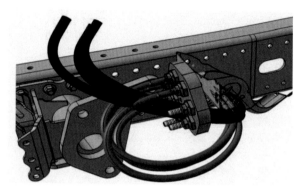

⇨ Dazu werden die Leitungen im Strukturbaum selektiert und über die *rechte Maustaste Objekt > FlexTube > Definition* wird das Dialogfenster *Definition* geöffnet. Die nicht aktualisierten Leitungen werden auf den Modus *Zuschlag* umgestellt. Das heißt

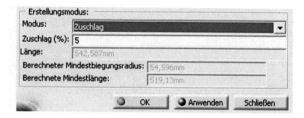

die Leitungen werden für diese Einbauposition neu berechnet mit einem Toleranzzuschlag von 5%.

⇨ Nach der neuen Definition passen sich die Leitungen an die neue Verbindungsposition an. Das bedeutet es dürfen keine Leitungen mehr in rot dargestellt werden.

Simulieren der unterschiedlichen Fahrerhauspositionen

⇨ Jetzt wird noch einmal eine Gegenkontrolle durchgeführt. Dazu werden die Leitungen, welche auf den Modus *Zuschlag* umgestellt wurden wieder auf den Modus *Länge* zurückdefiniert. Damit bleibt die nun ermittelte Länge bei einer Positionsänderung der Verbindungen erhalten.

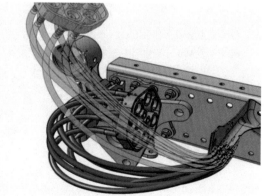

⇨ Mit Hilfe des Kompasses wird die Schottplatte noch einmal in die Kipplage (50°) des Fahrerhauses gebracht. Die Leitungen werden aktualisiert! Alle Leitungen können berechnet und abgebildet werden. Das bedeutet, mit den aktuell ermittelten Längen inklusive einer Längetoleranz, kann der gesamte Kippbereich des Fahrerhauses abgebildet werden.

Endgültige Leitungslänge ermitteln

⇨ Durch die Selektion der Leitungen im Strukturbaum und über die *rechte Maustaste Objekt > FlexTube > Definition* kann man aus dem Dialogfenster *Definition* die endgültige Länge jeder einzelnen Leitung ablesen.

Länge:	542,587mm
Berechneter Mindestbiegungsradius:	54,596mm
Berechnete Mindestlänge:	519,13mm

Hinweis: *Die Erfahrung zeigt, dass diese ermittelten Längenwerte gute Richtwerte sind, in einfachen Anwendungen nicht weit von der Realität abweichen und sich für den Prototypenbau gut eignen. Es gibt jedoch auch immer wieder Fälle, wo es zu Abweichungen gegenüber der Realität kommt. Daher ist es empfehlenswert, eine endgültige Längendefinition von Leitungen an einem praktischen Versuch durchzuführen!*

Wie bereits aus dieser Übung bekannt, kann man über das Dialogfenster *Definition* der flexiblen Leitung den Mindestbiegungsradius ablesen. Desweiteren wird jetzt noch gezeigt, wie man die unterschiedlichen Radien entlang des gesamten Leitungsverlaufes bestimmen kann.

Radien ermitteln

⇨ Das Leitungsteil (Part) wird aktiv gesetzt.

⇨ Die Arbeitsumgebung *Wireframe und Surface Design* wird über das Klappmenü *Start > Mechanische Konstruktion* geöffnet.

Wireframe and Surface Design

⇨ Der Spline der flexiblen Leitung sollte nicht verdeckt sondern sichtbar sein. Nachdem die Spline die neutrale Fase der Leitung darstellt, werden an dieser auch die verschiedenen Radien ermittelt.

⇨ Die Funktion *Krümmungsanalyse mit Stacheln* ⣿ wird selektiert. Das Dialogfenster *Stacheln für Kurve* öffnet sich. In diesem Dialogfenster kann jetzt der Typ der Darstellung

ausgewählt werden. Es be-
steht die Möglichkeit die
Krümmung oder den *Radius*
zu ermitteln. In diesem Fall
wird der Typ Radius selektiert.

⇨ Im Anschluss wird die Spline
der Leitung selektiert.

⇨ Die Funktion *Diagrammfenster anzeigen* im Dialogfenster selektieren.

⇨ Das Dialogfenster
2D-Diagramm öffnet
sich. In diesem
Diagramm kann jetzt
mit dem Cursor das
grüne Fadenkreuz
entlang der x-Achse
bewegt werden.
Parallel dazu wird
der jeweilige Radius

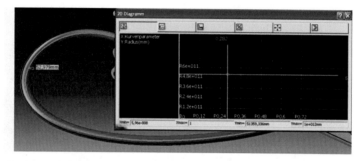

mit einem gelben Pfeil direkt an der Spline angezeigt. Dadurch ist es möglich den Radius
an jedem beliebigen Punkt einer Leitung zu analysieren.

⇨ Ist die Krümmung
von Interesse, dann
muss der Typ auf
Krümmung gewech-
selt werden. An-
schließend einfach
den Spline selektie-
ren und die Krüm-
mung wird wie beim
Radius an dem
Spline dargestellt.
Möchte man aus der
Krümmung den Ra-
dius ermitteln muss

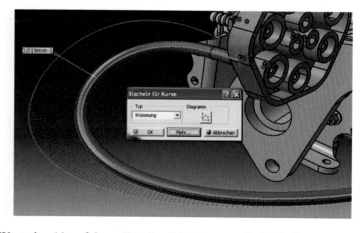

das über den Umkehr-Wert also 1/x erfolgen. Für die Abbildung würde das bedeuten: Radius ist gleich 1/0,019. Das Ergebnis ist ein Radius von 52,63 mm.

Hinweis: *Über die Funktion Mehr im Dialogfenster Stacheln für Kurve gibt es noch weitere
Optionen für die Skalierung oder zum Beispiel Dichte der Stacheln.*

5.7 Flexibles Bündel

Bis jetzt wurde gezeigt wie man flexible Leitungen in einer Umgebung verlegt. Wie aber kann man Bündelleitungen bzw. mehrere Leitungen mit dem gleichen Leitungsverlauf darstellen? Das heißt mehrere Leitungen aus verschiedenen Richtungen treffen sich, werden über einen bestimmten Abschnitt zusammengeführt und triften später wieder in unterschiedliche Richtungen auseinander. Diese Frage wird in diesem und im nächsten Unterkapitel beantwortet. Es gibt dazu zwei unterschiedliche Möglichkeiten. Es kann mit der Funktion *Flexible bundle routing* oder mit der Funktion *Rohr folgen* (Parallelverlauf) ein Bündel erstellt werden. Der Unterschied besteht darin, dass das Bündel einmal vereinfacht mit einer dickeren Leitung oder etwas aufwändiger über parallelverlaufende Leitungen erzeugt werden kann.

5.7.1 Die Funktion Flexible bundle routing

Die Funktion *Flexible bundle routing* findet man in der *Design Create* Toolbar. Selektiert man die Funktion, öffnet sich das Dialogfenster *Flexibles Bündel verlegen* wo verschiedene Einstellungen möglich sind. Das Bündel kann mit den unterschiedlichen Algorithmen und Modi (Zuschlag, Länge, Biegung) erstellt werden. Außerdem ist ein Bündeldurchmesser und der Biegungsradius zu definieren.

Hinweis: *Bei dieser Bündelfunktion gibt es keine Filteroptionen für Verbindungen oder Punkte, wie bei der Erstellung einer flexiblen Leitung. Es können nur Punkte die über die Rasterfunktion erzeugt oder vorhandene 3D-Punkte selektiert werden. Es gibt nicht die Möglichkeit mit Verbindungen (Connectoren) zu arbeiten.*

Sind alle Einstellungen vorgenommen, kann mit der Konstruktion des Bündels begonnen werden. Dazu werden vordefinierte 3D-Punkte selektiert oder beliebige Punkte erzeugt. In diesem Fall soll das Bündel durch die zwei gelben Clips verlaufen. Die Mittelpunkte wurden bereits in den Clips definiert. Nach

der Definiton der Knotenpunkte kann das Dialogfenster mit OK geschlossen werden. Das Bündel wird erzeugt.

Hinweis: *Bei einer Konstruktion mit einem Bündel, muss immer zuerst das Bündel und im Anschluss die flexiblen Leitungen konstruiert werden. Eine andere Reihenfolge wäre nicht sinnvoll!*

Die Funktion *Manage local slack*

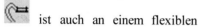 ist auch an einem flexiblen Bündel anwendbar, um einen lokalen Zuschlag zu definieren. Soll der Erstellungsmodus zum Beispiel von Zuschlag auf Länge oder den Durchmesser geändert werden, dann erfolgt das durch die Selektion des Bündels im Strukturbaum und der *rechten Maustaste > Objekt > Definition*. Im Dialogfenster *Definition* können die Änderungen durchgeführt werden.

Nachdem das Bündel fertiggestellt ist, können die flexiblen Leitungen konstruiert werden. Der Vorteil ist, dass für die Leitungen nicht noch einmal der Bündelverlauf definiert werden muss, sondern nur der Start- und Endpunkt des Bündels, wie es in der Abbildung dargestellt ist. Die

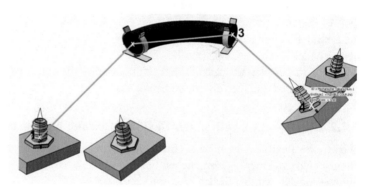

Reihenfolge für die Definition der Knotenpunkte ist von eins bis vier. Nachdem der Leitungsverlauf definiert ist, schließt man das Dialogfenster *Flexibles Teil verlegen* mit OK und die flexible Leitung wird im Anschluss erzeugt.

Wie an der rechten Abbildung zu erkennen ist, muss die tangentiale Ausrichtung am Bündeleintritt und Bündelaustritt noch angepasst werden. Das wird wiederum mit Hilfe des Dialogfensters *Spline-Definition* durchgeführt.

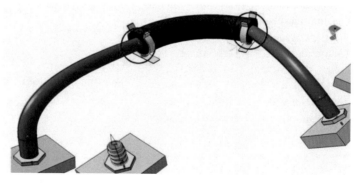

In der Spline Definition wird der jeweilige Punkt (Bündelein- und Bündelaustritt) selektiert. Damit ein tangentialer Übergang zwischen der flexiblen Leitung und dem Bündel definiert werden kann, muss die *Kreisfläche* am Bündel

selektiert werden. Die Leitung wird
im Anschluss mit einem tangentialen
Übergang angepasst. Der gleiche
Vorgang wird am anderen Ende des
Bündels durchgeführt.

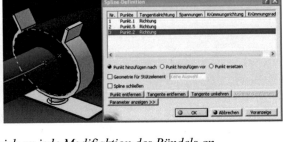

Hinweis: *Der tangentiale Übergang
muss für jede Leitung definiert
werden. Ist er einmal definiert, passt er sich an jede Modifiaktion des Bündels an.*

Ist keine Tangente gewünscht, dann
ist sie nicht zu definieren.

So können jetzt beliebig viele Leitungen, die in das Bündel ein- und
wieder auslaufen, definiert werden.
Der Vorteil in diesem Fall ist, dass
die flexiblen Leitungen assoziativ von
dem Bündel abhängig sind. Das be-

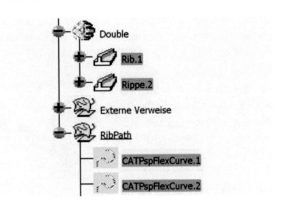

deutet, wird der Verlauf des Bündels (zum Beispiel die Ein- und Austrittspunkte) verändert,
richten sich die Leitungen an der Änderung aus.

5.7.2 Struktureller Aufbau der flexiblen Leitung bei einem Bündel

Wenn eine flexible Leitung mit Hilfe eines Bündels erstellt wird gibt es einige strukturelle
Unterschiede zu einer herkömmlichen flexiblen Leitung. Um welche Unterschiede es sich dabei
konkret handelt wird in diesem Abschnitt beschrieben.

Bei einem Bündel wird die flexible
Leitung nicht durch das Bündel
durchgeführt, sondern auf zwei Leitungen aufgeteilt. Das heißt der erste
Leitungsabschnitt wird von einer
Verbindung bis zum Bündeleintritt
und der zweite Abschnitt vom Bündelaustritt zu einer Verbindung erstellt. Aus diesem Grund sind im
Strukturbaum zwei verschiedene
Rippen unter dem Double (Körper)
sowie Splines im geometrischen Set
RibPath.

Hinweis: *Für die Tangentenausrichtung der Leitung am Bündel müssen diese Splines ausgewählt werden.*

Weitere Unterschiede sind noch im geometrischen Set *Externe Verweise*. In diesem Set sind alle geometrischen Elemente von Verbindungen (Connectoren) sowie der Start- und Endpunkt des flexiblen Bündels zu finden. Das heißt der Start- und Endpunkt der flexiblen Leitung ist von

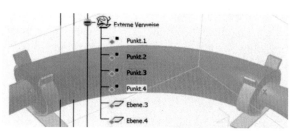

dem Bündel assoziativ abhängig. Bei den weiteren externen Verweisen handelt es sich um Verbindungen. Warum und wozu diese Elemente benötigt werden, zeigt der nächste Abschnitt.

5.7.3 Modifizieren eines flexiblen Bündels

Muss der Bündelverlauf auf Grund einer technischen Modifikation verändert werden, bieten diese externen Referenzen den Vorteil, dass die Leitungen immer am Bündel angepasst werden. Um diesen Vorgang zu demonstrieren, wird jetzt ein Endpunkt des Bündels neu ausgerichtet. Das erfolgt zum Beispiel über Koordinaten. Sobald das Bündel modifiziert wird, fordern die flexiblen Leitungen eine Aktualisierung und werden rot dargestellt. Mit der Funktion

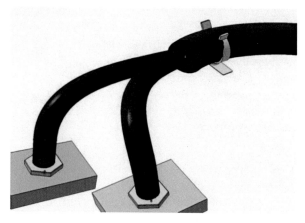

Aktualisierung   erzwingen werden die flexiblen Leitungen an das neu ausgerichtete Bündel angepasst.

Hinweis: *Die Tangentenausrichtung der flexiblen Leitung am Bündeleintritt oder Austritt muss wieder neu definiert werden.*

Wie bei den flexiblen Leitungen, kann das Bündel ebenfalls mit Hilfe der Spline Definition beliebig modifiziert werden, beispielsweise Punkte hinzufügen, löschen oder Tangenten definieren.

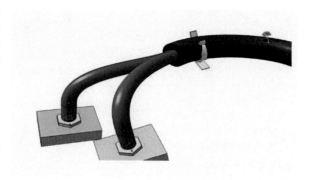

Hinweis: *Die beiden Endpunkte des Bündels sollten wenn möglich nicht ersetzt werden, weil das zu Problem führen kann.*

Geometrische Elemente eines Bündels assoziativ referenzieren

Bei der Erstellung des Bündels wurden als Knotenpunkte die Mittelpunkte der beiden Befestigungsclips selektiert. Nachdem mit der Bündelfunktion keine Verbindungen ausgewählt werden können, gibt es auch keine assoziativen Referenzen zum Zeitpunkt der Definition.

Hinweis: *Alle Punkte, die bei der Bündeldefinition ausgewählt werden, sind als eigenständige Punkte mit Koordinaten zu betrachten, die im geometrischen Set ohne Referenz abgelegt sind.*

Das bedeutet, wird die Position eines Befestigungsclips verändert, hat das keine Auswirkung auf das Bündel. Erst nachdem das Bündel erstellt ist, gibt es die Möglichkeit über das Dialogfenster *Spline-Definition* Referenzen zu erzeugen. Wie das funktioniert wird jetzt gezeigt.

Hinweis: *Es kann nur eine Referenz mit allen Punkten die zwischen den beiden Endpunkten des Bündels liegen erzeugt werden. Die Endpunkte assoziativ abhängig machen ist nicht möglich!*

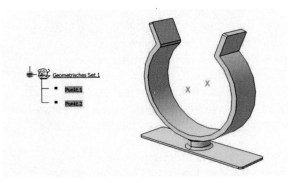

Damit Referenzen erzeugt werden können, müssen die geometrischen Elemente, welche die Referenz bilden veröffentlicht sein. In diesem Fall sind das die beiden Mittelpunkte des Clips. Um diese Punkte zu veröffentlichen (publizieren), muss in das *Part Design* (Teilekonstruktion) gewechselt werden. Die zu veröffentlichten Punkte werden selektiert und im Anschluss über das Klappmenü *Tool > Veröffentlichung* das Dialogfenster Veröffentlichung geöffnet. Beim Öffnen des Dialogfenster erscheint folgende Meldung: *Sollen die ausgewählten Elemente veröffentlicht werden?* Die Meldung wird mit Ja bestätigt. Die selektierten Punkte sind jetzt im Dialogfenster *Veröffentlichung* dargestellt. Die Eingaben im Dialogfenster sind mit OK zu bestätigen. Als Resultat werden diese Elemente im Strukturbaum als Veröffenlichung dargestellt.

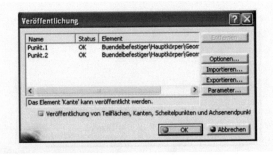

Um eine Referenz herzu-
stellen, wird das Dialog-
fenster der Bündel Spline
geöffnet. Das bedeutet,
Punkte können jetzt
ersetzt oder auch neu
hinzugefügt werden.
Durch das neue Referen-
zieren auf die früher
veröffentlichten geomet-
rischen Elemente, wird

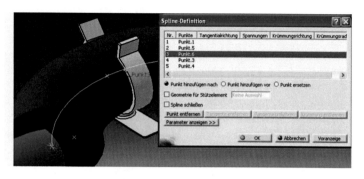

jetzt eine assoziative Verbindung erzeugt. In diesem Fall wird der zweite Punkt des Bündels
mit dem veröffentlichten *Punkt.2* des Clips ersetzt und somit eine assoziative Referenz definiert.

Der zweite Punkt des Clips muss mit der Option *Punkt hinzufügen nach/vor* neu hinzugefügt
werden. Wird jetzt die Lage des Clips verändert, richtet sich das Bündel danach aus. Mit Hilfe
dieser externen Referenzen ist der Konstrukteur etwas flexibler und in der Lage
unterschiedliche Befestigungspositionen des Clips sofort darzustellen.

Ein weiterer Schritt in Richtung
Flexibilität wäre noch die Tangenten
der flexiblen Leitung auf die
Teilflächen des Bündels zu
referenzieren. Dazu müssen die
beiden Teilflächen des Bündels
veröffentlicht werden. Im Anschluss
erfolgt die Tangentenausrichung der
flexiblen Leitung im Dialogfenster
Spline Definition. Als Referenz
werden die beiden veröffentlichten
Flächen des Bündels ausgewählt.

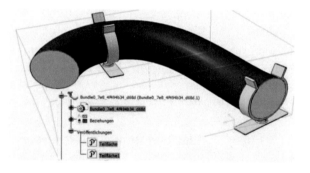

Nach der Selektion der Teilfächen
werden die neuen Referenzen
(veröffentlichten Flächen des
Bündels) im geometrischen Set
Externe Verweise der flexiblen
Leitung angeführt.

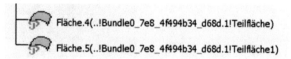

Die tangentialle Ausrichtung der
flexiblen Leitung zum Bündel ist
damit assoziativ und passt sich bei
einer Änderung des Bündels
automatisch an. Wie in der
Abbildung dargestellt, wurde der
Befestigungsclip verschoben. Das

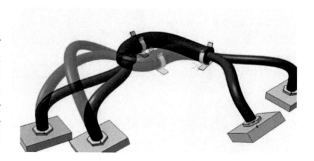

Bündel und die Leitungen passen sich automatisch nach einer Aktualisierung an.

Hinweis: *Für das Erzeugen neuer Referenzen bei einem flexiblen Bündel, muss in den Optionen > Infrastruktur > Teileinfrastruktur > Allgemein unter Externe Verweise die Option Verknüpfung mit ausgewähltem Objekt beibehalten aktiviert sein.*

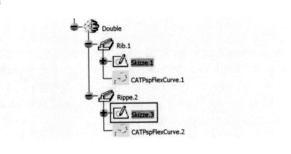

5.7.4 Durchmesser manuell ändern

Der Durchmesser für die flexible Leitung kann über die Line ID oder über die Skizze und Parameter wie im Kapitel 5.1.1 bereits vorgestellt geändert werden. Dazu wird die Formel aus dem Parameter entfernt. Danach ist es möglich, über diesen Parameter einen beliebigen Durchmesser zu definieren.

Hinweis: *Diese Option gibt es für die flexiblen Leitungen bei einem Bündel. Es wird jedoch immer nur die erste Leitung (Rippe 1) angepasst. Das liegt daran dass in der Skizze von Rippe 2 keine Durchmesser-Bemaßung vorhanden ist, die sich auf den Parameter TubeDiameter referenziert! Die Skizze muss also manuell angepasst werden.*

5.7.5 Übung 7 - Flexibles Bündel konstruieren

Bei dieser Übung muss eine Bündelleitung aus pneumatischen Leitungen von einem Kipphebel zu einem Ventil an einem Fahrerhausboden konstruiert werden. Am Fahrerhausboden befinden sich bereits vorgeklebte Befestigungsclips, welche die Leitung führen. Die Verbindungen (Connectoren) an den Ventilen und Clips sind definiert.

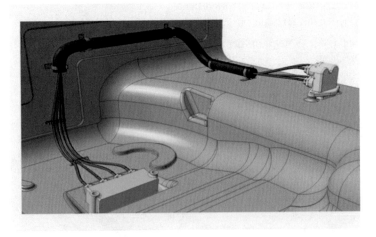

Ziel: Es wird gefordert, vier Leitungen mit einem Außendurchmesser von ¼ inch zu konstruieren. Die Leitungen werden ausgehend vom Kipphebel zum Ventilblock erstellt. Entlang des

Fahrerhausbodenbleches werden die vier Leitungen zu einem Bündel zusammengeführt und später wieder geteilt. Die Leitungen müssen durch die Befestigungsclips geführt und so verlegt werden, dass es zu keiner Berührung mit dem Fahrerhausboden kommt, um potentielle Scheuerstellen zu vermeiden!

Tubing-Arbeitsumgebung öffnen

⇨ *Start > Systeme & Ausrüstung > Tubing Discipline > Tubing Design*

⇨ Das Tubing-Beispiel sieben öffnen

Projektressourcen auswählen

⇨ Im Klappmenü *Tools > Project Management > Select/Browse* das Standard-Projekt *CNEXT* auswählen

Line ID auswählen

⇨ Mit der Funktion *Select/Query Line ID* ![icon] wird folgende ID ausgewählt – *TL102-1/4in-SS150R-FG*

Bündel konstruieren

⇨ Die Bündelfunktion *Flexible bundle routing* ![icon] selektieren. Das Dialogfenster *Flexibles Bündel verlegen* öffnet sich. Das Bündel wird mit dem *Standardalgorithmus* und einem Durchmesser von 30 mm erzeugt. Der Biegungsradius beträgt nach dem Leitungshersteller 35 mm. Die Konstruktion erfolgt mit einem Zuschlag von null Prozent. Nachdem alle Definitionen im Dialogfenster abgeschlossen sind, kann mit dem Selektieren der Knotenpunkte begonnen werden.

Knotenpunkte definieren

⇨ Beginnend bei dem ersten Clip nach dem Kipphebel werden die Knotenpunkte für den Bündelverlauf definiert.

Hinweis: *Immer beide Mittelpunkte an den Clips selektieren, um einen sauberen Durchlauf des Bündels zu erzeugen.*

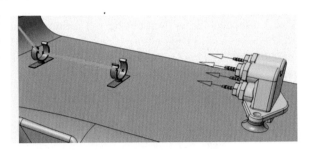

⇨ Nach dem zweiten Befestigungsclip wird das Bündel über die senkrechte Blechbodenwand geführt. Die letzte Befestigungsstelle für das Bündel ist der Clip 5. Nach der Selektion des letzten Mittelpunktes (Knotenpunkt) des Clips, wird das Dialogfenster mit OK geschlossen. Das Bündel wird wie vorher definiert erzeugt.

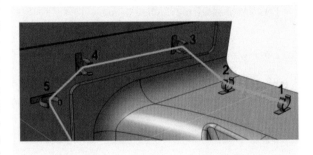

Lokalen Zuschlag definieren und Bündel anpassen

⇨ Mit der Funktion *Manage local*

   slack wird jetzt der Bündelverlauf noch angepasst. Dazu wird zwischen dem Clip 2 und Clip 3 ein Zuschlag von 180 mm definiert. Das Resultat ist ein Bündelverlauf, der sich dem Fahrerhausblechboden noch näher anpasst.

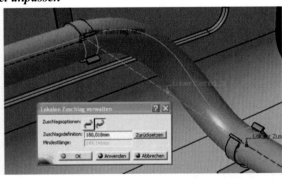

⇨ Zwischen dem Clip 4 und 5 wird ebenfalls ein Zuschlag mit 100 mm definiert, um einen sauberen Leitungsbogen zu gewährleisten. Nachdem das Bündel wie gewünscht modifiziert wurde, kann das Dialogfenster *Lokalen Zuschlag verwalten* mit OK geschlossen werden. Der Bündelverlauf ist jetzt fertig konstruiert. Im Anschluss folgt

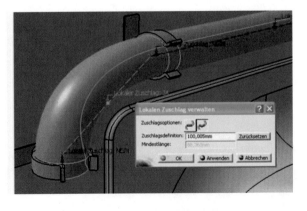

die Konstruktion der flexiblen Leitungen.

Flexible Leitung erzeugen

Hinweis: *Nachdem die gewünschte Line ID bereits vor der Bündeldefinition ausgewählt wurde kann im Anschluss gleich mit der Definition der Leitung begonnen werden. Wäre keine Line ID ausgewählt, dann müsste sie jetzt selektiert werden.*

⇨ Die Funktion *Flexible tube routing*  wird selektiert. Die Leitungen werden mit dem Standardalgorithmus, einem Zuschlag von null Prozent und einer geraden Länge an den Enden mit 20 mm definiert. Der Biegungsradius wird mit 20 mm (zum Beispiel Mindestbiegungsradius laut Hersteller) definiert. Jetzt kann mit der Auswahl der Knotenpunkte für den Leitungsverlauf begonnen werden.

Hinweis: *Bei der Konstruktion eines flexiblen Bündels ist es nur möglich, Verbindungen mit einer Durchgangsbohrung vor dem Bündeleintritt auszuwählen, jedoch nicht nach dem Bündelaustritt. Nach dem Bündelaustritt sind nur noch Punkte und Verbindungen mit einer Teilfläche, also Verbindungen an denen die Leitung endet, möglich.*

⇨ Für dieses Beispiel bedeutet das, dass die Leitungen nicht vom Kipphebel, sondern vom Ventilblock zu den Clips mit den Durchgangsverbindungen in das Bündel und am Ende des Bündels zum Kipphebel definiert werden müssen.

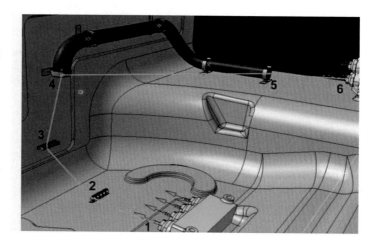

⇨   Bei den Clips ist es wichtig,
dass beide Durchgangsverbindungen wie in der rechten Abbildung selektiert werden. Nur
dann hat die flexible Leitung einen sauberen Lauf durch den
Clip.

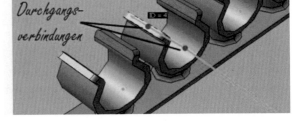

⇨   Nach dem die Verbindung
(Connector) am Kipphebel selektiert wurde, erzeugt sich die Leitung. Das Dialogfenster
Flexibles Teil verlegen wird mit OK geschlossen.

Hinweis: *Das Bündel wurde in diesem Fall bewusst in einer falschen Reihenfolge definiert für
die Demonstration, dass keine Durchgangsverbindungen nach einem flexiblen Bündel ausgewählt werden können. Im Normalfall würde das Bündel ebenfalls in der gleichen Reihenfolge
bzw. Richtung wie die flexiblen Leitungen erstellt werden.*

Restliche Leitungen ergänzen

⇨   Die restlichen drei Leitungen
werden mit der gleichen Vorgangsweise   ergänzt.   Die
Definitionen wie Algorithmus,
Biegungsradius und Zuschlag
sind bei den drei weiteren
Leitungen exakt die gleichen wie
bei der ersten Leitung.

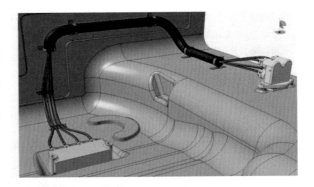

Tangenten ausrichten

⇨   Um eine Assoziativität zwischen
den Leitungen und dem Bündel
für die Tangentenausrichtung zu
schaffen, werden die Kreisflä-
chen an den Bündelenden veröffentlicht (publiziert).

⇨   In das Part Design wechseln und über das Klappmenü *Tools > Veröffentlichung* das Dialogfenster *Veröffentlichung* öffnen. Die beiden müssen im Anschluss selektiert werden.
Nach der Eingabe wird das Dialogfenster mit OK geschlossen.

⇨ Im Dialogfenster *Spline-Definition* der ersten flexiblen Leitung wird jetzt an dem Eintritt- und Austrittpunkt des Bündels eine Tangente definiert. Dazu wird der betroffene Punkt im Dialogfenster selektiert und im Anschluss die veröffentlichte

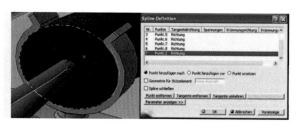

Kreisfläche am Bündel. Die flexible Leitung wird ausgerichtet. Die Tangentenausrichtung ist durch die Veröffentlichung assoziativ und wird bei jeder Bündeländerung angepasst.

⇨ Alle weiteren Leitungen werden ebenfalls tangential am Bündel ausgerichtet.

Referenz zwischen Bündel und Clips an den Bündelenden

⇨ Im nächsten Schritt soll sich das Bündel an die Clips referenzieren. Das bedeutet, werden die Clips verschoben passt sich das Bündel an die Änderung an. Es wird an den beiden Endpunkten des Bündels begonnen. Wie bereits bekannt, ist es nicht möglich, die beiden Endpunkte (Eintritts- und Austrittspunkt) assoziativ zu referenzieren. Das bedeutet für diese Übung, dass diese nicht bearbeitet werden.

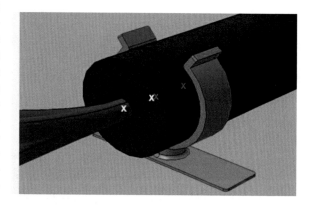

⇨ Für die neue Referenz müssen die Clips an den Endpunkten des Bündes geringfügig verschoben werden, um deren Mittelpunkt vom Bündelendpunkt abzuheben.

⇨ Die *Spline Definition* für das Bündel wird mit einem Doppelklick auf die Spline geöffnet.

⇨ Im Dialogfenster wird jetzt der Punkt 2 mit dem Mittelpunkt des Clips (violetter Punkt) ersetzt.

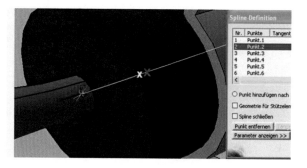

Hinweis: *Grundvoraussetzung in diesem Fall ist, dass die Mittelpunkte am Clip veröffentlicht (publiziert) sind. Nur so gibt es eine assoziative Referenz zwischen den beiden Elementen.*

⇨ Der zweite Mittelpunkt am Clip wird mit der Option *Punkt hinzufügen nach* neu in der Spline Definition hinzugefügt. Dazu muss der Punkt 2 ausgewählt sein. Danach wird der neue Punkt selektiert und in die Spline aufgenommen.

⇨ Der gleiche Vorgang wird mit dem Clip am anderen Bündelende wiederholt.

⇨ Der alte und jetzt nicht mehr verwendete Punkt (ursprünglicher Mittelpunkt von Clip) für die Bündel Spline kann aus dem geometrischen Set gelöscht werden.

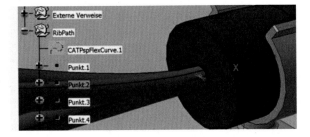

Hinweis: *Es ist empfehlenswert alte und nicht mehr verwendete geometrische Elemente aus dem geometrischen Set zu entfernen. Nur so bleibt das Set übersichtlich!*

Restliche Knotenpunkte auf Clips referenzieren

⇨ Alle weiteren Knotenpunkte des Bündels werden mit den veröffentlichten Mittelpunkten der Clips ersetzt und dadurch assoziativ referenziert.

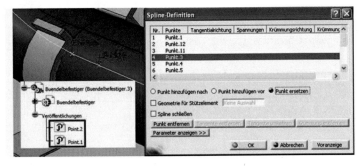

Hinweis: *Durch das Ersetzten der Punkte und die dadurch neuen Referenzen kann es vorkommen, dass sich der Bündelverlauf geringfügig verändert und dieser eventuell mit einem neuen Zuschlag definiert werden muss.*

Flexible Leitungen an Fahrerhausboden anpassen

⇨ Die flexiblen Leitungen werden mit der Funktion *Manage local slack* 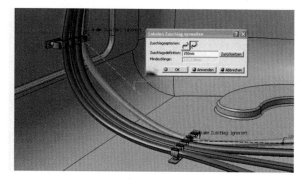 mit einem Zuschlag näher an den Boden angepasst. Die Anpassung soll beliebig erfolgen.

Modifikation des Bündels

⇨ Am Ende des Beispiels soll jetzt noch der Vorteil mit den assoziativen Referenzen gezeigt werden. Dazu wird einfach die Position der Clips verändert wie in der Abbildung und beobachtet die automatische Anpassung des Bündels und der flexiblen Leitungen an die neuen Clip Positionen.

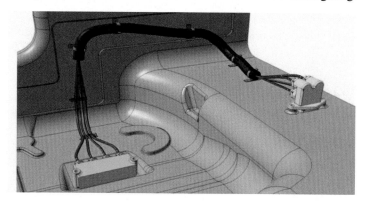

5.8 Parallelverlauf – Follow Tube

In diesem Unterkapitel geht es darum, parallel verlaufende Leitungen
(Follow Tube) oder auch Bündel zu
konstruieren. Im vorigen Unterkapitel
wurde ebenfalls eine Methode vorgestellt wie ein Bündel konstruiert
werden kann. In diesem Fall wird die
parallel verlaufende Leitungen nicht
mit einer dicken Leitung, sondern
detailliert durch einzelne Leitungen
dargestellt. Es ist also möglich, eine
Masterleitung zu konstruieren und
alle weiteren Leitungen orientieren

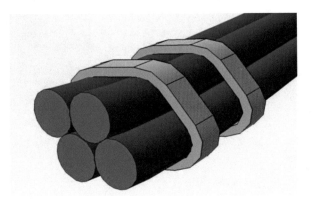

sich an diesem Master. Es gibt die Möglichkeit für den Konstrukteur, mehrere parallel verlaufende Leitungen an verschiedenen Referenzen wie zum Beispiel einem Blechhalter entlang zu
führen. Im weiteren Kapitelverlauf wird gezeigt, wie man parallel verlaufende Leitungen konstruiert, diese entsprechend an Referenzen ausrichtet und modifiziert.

5.8.1 Konstruieren eines Parallelverlaufes (Follow Tube)

Die Funktion *Rohr folgen* befindet sich im Dialogfenster *Flexibles
Teil erzeugen*. Das bedeutet, es muss
zuerst immer mit der Konstruktion
einer flexiblen Leitung begonnen
werden, bevor ein Parallelverlauf
definiert werden kann.

Hinweis: *Zum Definieren eines Parallelverlaufes muss bereits die Masterleitung für die Folge-
leitung konstruiert sein.*

Nachdem die Funktion *Rohr folgen*
selektiert wurde öffnet sich das
Dialogfenster *Rohr folgen*. Es stehen
drei verschiedene Führungsmodi zur
Auswahl. Was jeder einzelne bedeutet, wird auf den nächsten Seiten
vorgestellt. Außerdem werden für
die Konstruktion des Parallelverlaufes die Referenzen wie das Master-
ohr, der Startpunkt und der Endpunkt

der parallel verlaufenden Leitung benötigt. Mit dem Offset kann noch ein bestimmter Abstand zwischen den parallel verlaufenden Leitungen definiert werden. Wozu die Funktion *Richtung umkehren* dient wird ebenfalls auf den nächsten Seiten erläutert.

Im ersten Schritt für die Definition der parallel verlaufenden Leitung ist ein Modus zu wählen. Es gibt drei unterschiedliche Möglichkeiten die parallel verlaufende Leitung an der Masterleitung auszurichten.

Icon	Führungsmodus	Berschreibung
	Mittelpunkt bis Mittelpunkt	Leitung liegt parallel zur Masterleitung. Die Lage der parallel verlaufenden Leitung zur Masterleitung wird mit dem Kompass gesteuert.
	Tangential zu Fläche	Die Leitung liegt parallel zur Masterleitung und wird gleichzeitig tangential zu einer Fläche (zum Beispiel Halterfläche) ausgerichtet.
	Tangential zu Rohren	Die Leitung verläuft parallel zur Masterleitung und liegt tangential zwischen zwei anderen Leitungen.

Grunddefinitionen für den Parallelverlauf

Nachdem der gewünschte Modus ausgewählt ist, kann mit der weiteren Definition fortgefahren werden. Das Masterrohr (Masterleitung) wird ausgewählt. Dazu muss die entsprechende Leitung selektiert werden.

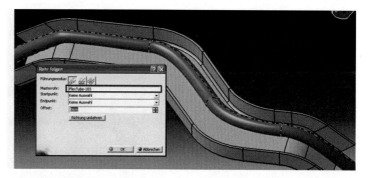

Nachdem die Masterleitung selektiert wurde, werden alle Knotenpunkte der Leitung rot dargestellt. Mit Hilfe dieser Knotenpunkte werden jetzt der Startpunkt und der Endpunkt des Parallelverlaufes definiert. Dazu werden die Punkte direkt an der 3D-Geometrie ausgewählt

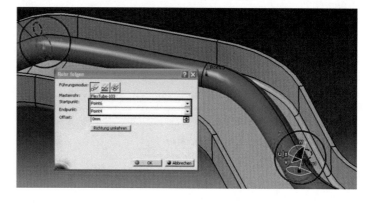

oder mit dem Klappmenü im Dialogfenster unter *Startpunkt* und *Endpunkt*. An der Masterleitung wird jetzt die parallel verlaufende Leitung, vereinfacht mittels Kreisen an den beiden definierten Punkten, dargestellt. Diese Definitionen sind unabhängig vom Modus immer indentisch. Unterschiede gibt es bei der Ausrichtung der Leitung die im Anschluss erläutert werden.

Ausrichten des Parallelverlaufes zur Masterleitung

Beim Führungsmodus *Mittelpunkt*

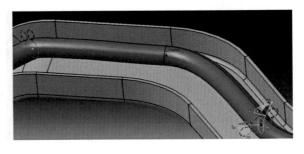

bis Mittelpunkt erfolgt die Ausrichtung des Parallelverlaufes mittels Kompass. Nachdem das Masterrohr, der Start- und Endpunkt definiert sind, platziert sich der Kompass auf den Startpunkt. Mit Hilfe des Kompasses können jetzt die Kreise welche die Leitungsausrichtung darstellen, verändert werden. Der Kompass wird einfach gedreht und die Kreise bewegen sich entsprechend mit. Nach der endgültigen Ausrichtung wird das Dialogfenster *Rohr folgen* mit OK geschlossen.

Bei dem Führungsmodus *Tangential*

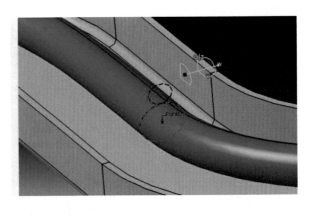

zu Fläche erfolgt die Ausrichtung ebenfalls mittels Kompass. Mit dem Kompass muss bei diesem Modus eine Fläche definiert werden und der Parallelverlauf richtet sich dazu tangential aus. In der Abbildung wurde mit dem Kompass die senkrechte Blechwand definiert. Die Leitung wird tangential dazu ausgerichtet.

Der dritte Modus ist *Tangential zu Rohren* . Für diesen Modus müssen mindestens zwei parallel verlaufende Leitungen vorhanden sein! Bei diesem Modus kommen im Dialogfenster *Rohr folgen* noch einige Definitionen hinzu. Es müssen die beiden Leitungen, zu welchen sich der Parallelverlauf tangenital ausrichten soll, definiert werden. Das erfolgt über die Leitungssteuerkreise am Start- und Endpunkt.

Tangentiales Rohr:	Startpunkt:	Endpunkt:
	Keine Auswahl	Keine Auswahl

Hinweis: *Sobald eine parallel ver-laufende Leitung konstruiert ist, wird im Strukturbaum ein Bündel erzeugt. In diesem Bündel befindet sich die gesamte für den Parallelver-lauf notwendige Geometrie unter anderem auch die Leitungssteuer-kreise am Start- und Endpunkt des Parallelverlaufes.*

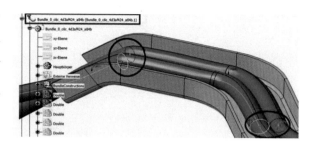

Für die Definition des tangentialen Parallelver-laufes müssen jeweils am Startpunkt und Endpunkt die beiden Leitungssteu-erkreise (gelb) ausge-wählt werden. Die neue Leitung wird dann genau tangential zwischen diese Kreise verlegt. Der neue

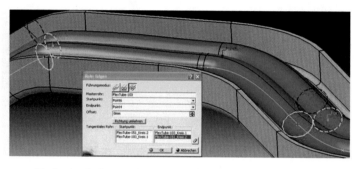

Parallelverlauf wird mit den roten Kreisen wieder vereinfacht dargestellt.

Hinweis: *Mit der Funktion Auswahl löschen* *können die definierten Leitungssteuerkreise aus der Auswahl gelöscht werden!*

Mit der Funktion *Richtung umkehren* im Dialogfenster *Rohr folgen* wird die Ausrichtung der parallel verlau-fenden Leitung umgekehrt wie es auch in der rechten Abbildung darge-stellt ist. So ist der untere rote Lei-tungssteuerkreis die umgekehrte Richtung des oberen Kreises. Diese Funktion ist bei allen drei Modi anwendbar.

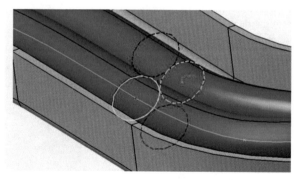

Mit diesen vorgestellten Möglichkei-ten, kann der Konstrukteur mehrere parallelverlaufende Leitungen erzeu-gen, die alle assoziativ zu der Master-leitung sind. Das bietet wiederum den Vorteil, dass Änderungen am Leitungsverlauf schnell umzusetzen sind. In der rechten Abbildung wurde der Leitungsverlauf der Masterleitung

geändert und alle weiteren parallelen Verläufe automatisch angepasst.

Hinweis: *Es können mehrere Parallelverläufe an einer Masterleitung definiert werden.*

5.8.2 Modifizieren eines Parallelverlaufes

In diesem Abschnitt stellt man sich die Frage welche Möglichkeiten es gibt, Parallelverläufe wie zum Beispiel deren Ausrichtung im Nachhinein zu ändern. Die Ausrichtung der Leitung ist ein sehr wichtiger Punkt, da es häufig vorkommt, dass die Leitung an eine bestimmte Umgebungsgeometrie angepasst werden muss. Die für die Ausrichtung benötigten Leitungssteuerkreise findet man im Bündel (Strukturbaum). In diesem Bündel gibt es ein geometrisches Set *Externe Verweise* und eines mit der Benennung *BundleConstruction*. In diesem geometrischen Set sind die beiden Skizzen *BundleSection_Skizze.1* und *Bundle_Section_Skizze.2*.

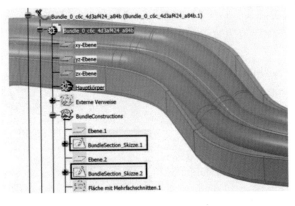

Die Skizze 1 befindet sich am Startpunkt und die Skizze 2 am Endpunkt. In den Skizzen befinden sich für jede einzelne Leitung die Steuerkreise. Um die Steuerkreise neu auszurichten, muss die Skizze geöffnet werden. In der Skizze ist der Steuerkreis für die Masterleitung immer grün dargestellt, da dieser eindeutig bestimmt ist. Der Kreis für den Parallelverlauf hingegen ist

nur mit dem Radius und dem Offset zwichen den Leitungen bemaßt und somit in seiner Lage noch veränderbar. Das heißt der Kreis kann einfach ausgewählt und im Anschluss entlang des Masterkreises verschoben werden. Nach dem Verlassen der Skizze wird eine Aktualisierung gefordert und die Leitung an die neue Ausrichtung angepasst. Die parallel verlaufenden

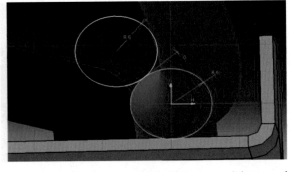

Leitungen können somit an dem Start- und Endpunkt unterschiedlich ausgerichtet und zusätzlich entlang der Masterleitung noch verdreht werden. Ein Beispiel dafür ist in der folgenden Tabelle dargestellt.

Ausgangssituation	Verdrehter Parallelverlauf um Master-leitung

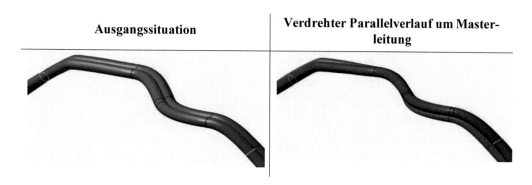

Hinweis: *Die Verdrehung der Leitung um die Masterleitung ist auch nur bis zu einem bestimmten Maß möglich. Es ist nicht möglich die Leitung wie eine Helix um die Masterleitung zu drehen.*

Eine etwas elegantere Lösung wäre zum Beispiel den Leitungssteuerkreis über einen Winkel mittels Parameter zu steuern. Um das zu ermöglichen, muss in der Skizze eine Referenzhilfslinie vom Kreismittelpunkt der Masterleitung erstellt werden. Im Anschluss wird eine weitere Hilfslinie vom Kreismittelpunkt der Masterleitung durch den Kreismittelpunkt der parallel verlaufenden Leitung konstruiert. Der Winkel zwischen diesen beiden Hilfslinien wird bemaßt. Ein Winkelparameter muss erzeugt werden. Der Steuerwinkel in der Skizze referenziert sich dann auf diesen Winkelparameter. Dadurch kann die Verdrehung der Leitung einfach über den Parameter im Strukturbaum verändert werden, ohne jedesmal die Skizze öffnen zu müssen.

5.8.3 Parallelverlauf mit einer bestehenden Leitung erzeugen

Es ist auch möglich eine bereits bestehende Leitung an einem Parallelverlauf anzupassen. Damit ein Parallelverlauf an einer bereits konstruierten Leitung definiert werden kann, muss die Leitung im Strukturbaum selektiert werden und mit Hilfe der *rechten Maustaste > Objekt FlexTube > Definition* das Dialogfenster *Definition* geöffnet werden. In diesem Dialogfenster können jetzt noch Definitionen vorgenommen werden. Für den Parallelverlauf wird

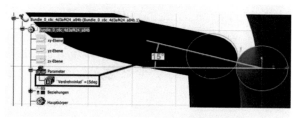

die Funktion *Rohr folgen* 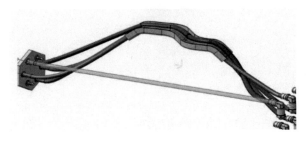 selektiert. Das Dialogfenster *Rohr folgen* öffnet sich. Es wird ein Führungsmodus ausgewählt und im Anschluss das Masterrohr, der Start- und Endpunkt definiert.

Die beiden Dialogfenster werden nach den Eingaben mit OK geschlossen. Die zuerst durchgehend geradlinige Leitung zwischen den beiden Anschlüssen wurde jetzt dem Parallelverlauf angepasst.

Hinweis: *Die Funktion Zuschlag ist wiederum nur an jenen Leitungsabschitten anwendbar, die vor dem Parallelverlauf liegen! Daher die Verlegungsrichtung (Reihenfolge) gut überlegen.*

Dieses Problem sollte jedoch bei der CATIA V5 R21 und Servicepack 5 behoben sein.

5.8.4 Verwalten eines Parallelverlaufes

Bis jetzt wurde immer gezeigt, wie man einen Parallelverlauf konstruieren kann. In diesem Abschnitt geht es darum einen Parallelverlauf aufzulösen, das heißt die assoziative Verbindung zur Masterleitung unterbrechen, so dass die Leitung wieder unabhängig arbeitet. Das funktioniert mit der Funktion

Manage Flexible Bundle 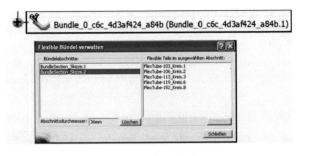. Das Dialogfenster *Flexible Bündel verwalten* öffnet sich. Damit die einzelnen parallelverlaufenden Leitungen verwaltet werden können, muss im Strukturbaum das Bündel selektiert werden. Erst jetzt werden im Dialogfenster alle definierten Parallelverläufe dargestellt. Mit den Bündelabschnitten wird der Start- und Endpunkt des Parallelverlaufes beschrieben. In der rechten Spalte sind alle Steuerkreise am Bündelstart oder Bündelende dargestellt. Durch das Selektieren der Steuerkreise können diese an den jeweiligen Bündelabschnitten mit der Funktion *Entfernen* gelöscht werden und somit auch die Verbindung zur Masterleitung. Ist es gewünscht alle Parallelverläufe an einem Abschnitt zu entfernen, dann erfolgt das mit der Funktion *Löschen*.

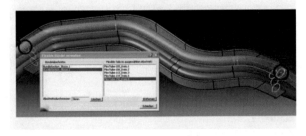

Beim Löschen oder Entfernen erscheint ein Aktionsfenster in dem der Vorgang ein weiteres Mal mit OK bestätigt werden muss.

Hinweis: *Die Steuerkreise können direkt an der Geometrie oder im Dialogfenster selektiert werden. Bei der Selektion im Dialogfenster wird die Geometrie zusätzlich orange eingefärbt. Es ist genauso möglich nur an einem Bündelabschnitt der Leitung den Steuerkreis zu entfernen.*

Werden beide Steuerkreise gelöscht, wird die Leitung nur mit den definierten Knotenpunkten unabhängig von der Masterleitung erzeugt.

Hinweis: *Werden die Knotenpunkte (3D-Punkte) im geometrischen Set der Leitung zuerst isoliert und darauf der Parallelverlauf aufgelöst, bleibt der Leitungsverlauf erhalten. Beim Nicht-Isolieren der Punkte, wird der definierte Parallelverlauf der Leitung als ein gerader Verlauf dargestellt, wie es in der Abbildung sichtbar ist.*

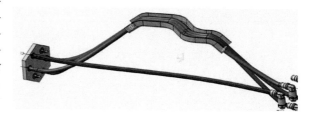

5.9 Übung 8 - Parallelverlauf konstruieren

In diesem Übungsbeispiel sollen zwischen einem Ventil und einem Kipphebel flexible Leitungen verlegt werden. Die Leitungsverlegung verläuft entlang eines Fahrerhausbodens und wird durch positionierte Befestigungsclips definiert.

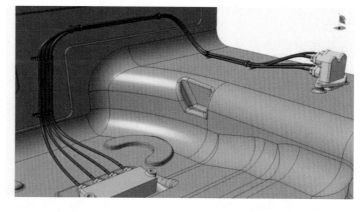

Ziel: Für die Funktion eines am Fahrerhausboden befestigten Kipphebels müssen vier pneumatische Leitungen mit einem Durchmesser von ¼ inch verlegt werden. Die Leitungen werden nach dem Ventilblock in den ersten beiden Befestigungsclips noch getrennt und danach aus diversen Platzgründen zu einem Bündel zusammenführt und mit der ersten Leitung (Masterleitung) gebündelt. Das heißt ab dem zweiten Befestigungsclip werden alle Leitungen bis auf die Masterleitung als Parallelverlauf ausgeführt.

Hinweis: *Die Leitungen werden hier bewusst vom Ventil zum Kippehebl konstruiert, um sie mit einem Zuschlag modifizieren zu können. Die Funktion Zuschlag ist nur vor und nicht nach einem Parallelverlauf anwendbar. Der Konstrukteur hat somit die Möglichkeit sich bei einer optimalen Wahl der Verlegungsrichtung mehr Spielraum für eine Modifikation zu schaffen.*

Tubing-Arbeitsumgebung öffnen

⇨ *Start > Systeme & Ausrüstung > Tubing Discipline > Tubing Design*

⇨ Das Tubing-Beispiel 8 öffnen.

Projektressourcen auswählen

⇨ Im Klappmenü *Tools > Project Management > Select/Browse* das Standard-Projekt *CNEXT* auswählen.

Line ID auswählen

⇨ Mit der Funktion *Select/Query Line ID* ![icon] wird die Line ID TL102-1/4in-SS150R-FG ausgewählt.

Masterleitung konstruieren

⇨ Die Funktion *Flexible tube routing* wird selektiert. Die flexible Leitung wird mit dem Standard-algorithmus und einem Biegungsradius von 40 mm konstruiert. Die Leitungsenden werden mit einer geraden Länge von 20 mm ausgeführt. Das entspricht in etwa der Länge des Dornes am Stecker. Der Zuschlag beträgt null Prozent.

☐ Durchmesserfaktor: 1 Biegungsradius: 40 ☐ Spline anzeigen	
Erstellungsmodus:	
Modus: Zuschlag	▾
Zuschlag (%): 0	
Länge: 0mm	
☑ Gerade Länge an den Enden ☐ Zuschlag ignorieren	
Anfang: **Ende:**	
☐ Durchmesserfaktor: 1 ☑ Mit Anfangslänge identisch	
Länge: 20mm Länge: 20mm	

Verbindungen und Knotenpunkte definieren

⇨ Nach den Definitionen im Dia-logfenster *Flexibles Teil verle-gen* werden die Verbindungen und Knotenpunkte selektiert. Die Masterleitung wird vom Ventil direkt zu den Befesti-gungsclips, die an der senkrech-ten Blechwand befestigt sind, geführt. Die Definition erfolgt

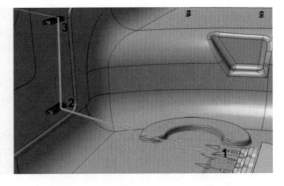

wie in der Abbildung.

Hinweis: *Bei den Clips müssen beide Durchgangsverbindungen (Connectoren) selektiert werden, um der Leitung eine Richtung zugeben.*

⇨ Der Leitungsverlauf wird dann weiter über die Befestigungsclips mit nur einer Bohrung geführt und am Ende an dem Kipphebel angeschlossen. Das Dialogfenster *Flexibles Teil verlegen* wird mit OK geschlossen und die flexible Leitung erstellt.

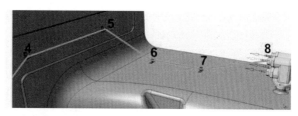

Zweite Leitung konstruieren

⇨ Die Funktion *Flexible tube routing* wird selektiert. Im Dialogfenster werden die gleichen Definitionen wie bei der Masterleitung vorgenommen. Die Leitung wird wieder beginnend beim Ventilblock über die ersten zwei Clips geführt. Nach dem zweiten Befestigungsclip wird die Leitung auf ein Bündel zusammengeführt und mit der Masterleitung befestigt, das bedeutet an dieser Stelle beginnt der Parallelverlauf.

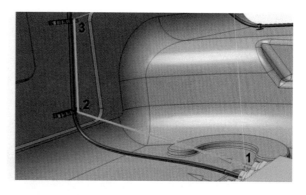

Parallelverlauf definieren

⇨ Die Funktion *Rohr folgen* im Dialogfenster *Flexibles Teil verlegen* wird selektiert. Im Dialogfenster *Rohr folgen* muss jetzt die Masterleitung und der Startpunkt des Bündels definiert werden. Das ist in diesem Fall der dritte Clip. Die Ausrichtung des Parallelverlaufes sollte mit der Abbildung annähernd übereinstimmen.

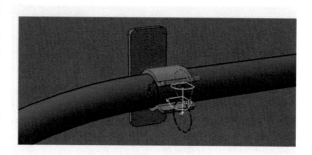

Hinweis: *Hat die parallelverlaufende Leitung nicht die gewünschte Ausrichtung, dann kann diese über den Kompass neu ausgerichtet oder mit der Funktion Richtung umkehren gewechselt werden. Die Ausrichtung hat ebenfalls einen großen Einfluss darauf, ob der Parallelverlauf erzeugt oder auf Grund einer zu großen Verdrehung nicht erzeugt werden kann!*

⇨ Weiteres muss noch der End-
punkt des Parallelverlaufes im
Dialogfenster definiert werden.
Dazu wird der Knotenpunkt am
Befestigungsclip 6 selektiert.
Das   Dialogfenster   wird
geschlossen.

⇨ Zur Fertigstellung der Leitung
wird diese auf die Verbindung (Connector) am Kipphebel referenziert. Die flexible Leitung mit dem Parallelverlauf wird erzeugt. Das Dialogfenster wird mit OK geschlossen.

Hinweis: *Muss die Ausrichtung des Parallelverlaufes am Start- oder Endpunkt noch geändert werden, erfolgt das über die Kreisskizzen im Bündel!*

Leitung drei und vier konstruieren

⇨ Die restlichen Leitungen drei
und vier werden nach der gleichen Vorgehensweise wie Leitung zwei konstruiert. Für den
Parallelverlauf ist es in diesem
Fall empfehlenswert den Führungsmodus *Tangential zu Rohren* auszuwählen. So kann ein
schönes Bündel erzeugt werden.
Nach dem Parallelverlauf werden
die Leitungen ebenfalls auf die
Verbindungen am Kipphebel
referenziert.

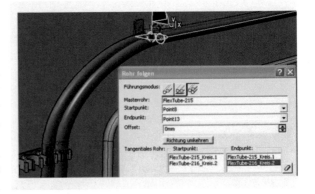

Lokalen Zuschlag definieren

⇨ Nachdem alle vier Leitungen mit dem Parallelverlauf fertig konstruiert sind, werden die Leitungen noch etwas an den Fahrerhausboden angepasst. Um die Leitungen näher an das Bodenblech anzupassen, wird ein Zuschlag von ca. 200 mm (optische Anpassung) mit der Funktion *Manage local slack* 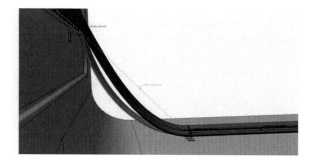 an der Masterleitung definiert.

⇨ Im Anschluss wird das Produkt (Baugruppe) aktiv gesetzt und die Funktion *Aktualisierung erzwingen* 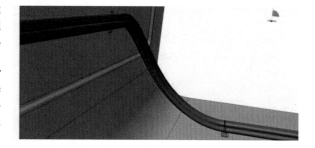 ausgeführt. Der Parallelverlauf wird durch die Aktualisierung an die Masterleitung mit dem neu definierten Zuschlag angepasst.

Kabelbinder konstruieren

Die parallelverlaufenden Leitungen (Bündel) werden an der Masterleitung befestigt. Dazu werden noch Kabelbinder für die Befestigung der Leitungen konstruiert. Dafür muss die Spline der Masterleitung sichtbar sein.

⇨ Es wird in die Arbeitsumgebung Assembly Design gewechselt.

⇨ Ein neues Teil (Part) für den Kabelbinder wird in die Baugruppe eingefügt.

⇨ In diesem Part wird jetzt mit der Funktion *Punkt* ■ und dem Punktetyp Auf Kurve ein 3D-Punkt auf der Spline erzeugt. Das Dialogfenster *Punktedefini-*

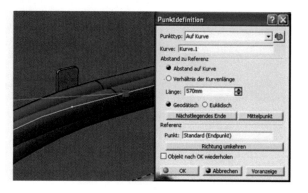

tion wird mit OK geschlossen.

⇨ Mit der Funktion *Ebene*
wird jetzt eine Ebene mit dem
Typ *Senkrecht zu Kurve* erzeugt.
Die Referenz für die Kurve ist
der Spline und als Punkt wird
der vorher definierte 3D-Punkt
selektiert.

⇨ Auf dieser Ebene wird jetzt die
Skizze für den Kabelbinder referenziert und konstruiert. Es wird
die Umrisskontur von den Leitungen mit der Funktion *3D-
Elemente schneiden* abgeleitet
und im Anschluss mit tangentialen Linien verbunden und getrimmt.

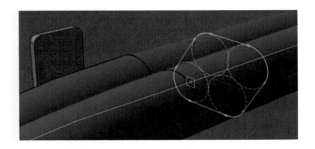

⇨ Am Ende wird aus der Skizze ein
gespiegelter Block mit einer
Länge von 2 mm (Maße von Ka-
belbinder-Hersteller) und einem
Aufmaß von 1,3 mm (Maße von
Kabelbinder-Hersteller) erzeugt.

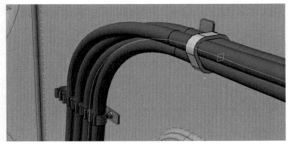

⇨ Nach eigenem Ermessen werden
noch weitere drei bis vier Kabelbinder entlang des Parallelverlaufes konstruiert.

Hinweis: *Der Parallelverlauf ist eine sehr sensible Funktion und kann oft nicht angewendet
werden auf Grund einer zu komplexen Geometrie, zu enger Radien oder einer zu starken Verdrehung. Es gibt viele Faktoren die Einfluss auf die Funktion nehmen. Oft genügt es einen
Knotenpunkt minimal zu verschieben oder einen der Steuerkreise zu verdrehen und der Parallelverlauf kann erzeugt oder nicht erzeugt werden.*

6 Starre Rohrleitungen

Starre Leitung oder Straight tube lautet das Thema für die nächsten Seiten. In diesem Kapitel wird gezeigt, wie man starre Leitungen von Grund auf neu konstruiert, modifiziert, Anschlussteile positioniert und vieles mehr. Starre Leitungen unterscheiden sich von flexiblen Leitungen darin, dass sie nicht flexibel sind. Das bedeutet der Leitungsverlauf wird durch die Knotenpunkte und Biegeradien definiert. Es gibt keinen Zuschlag (Slack) oder eine Spline die durch die Knotenpunkte und die Vektoren definiert wird, wie man es aus der flexiblen Leitungskonstruktion kennt. Sie unterscheiden sich jedoch nicht von flexiblen Leitungen wenn es um die Definition des Leitungsverlaufes und der Erstellung der Leitung geht. Starre Leitungen werden ebenfalls mit definierten Knotenpunkten und mit den Konstruktionsregeln die in der Line ID hinterlegt sind erstellt. Bei der Konstruktion von starren Leitungen wird jedoch nicht gleich die endgültige Leitung erstellt, sondern die Konstruktion beginnt immer mit einer Run (Verlegungsreservierung). Das ist die Steuergeometrie für den starren Leitungsverlauf. Erst im weiteren Konstruktionsverlauf werden die endgültigen Leitungen aus dem Katalog auf die Run platziert. Modifikationen werden also immer an der Run durchgeführt und die tatsächlichen Leitungselemente an dieser assoziativ ausgerichtet.

6.1 Run konstruieren

Starre Leitungen werden immer auf der xy-Ebene definiert. Das bedeutet dass der Wert der z-Ausrichtung gleich Null ist. Soll eine starre Leitung auf einer anderen Ebene konstruiert werden, dann muss diese mit dem Kompass definiert werden. Der Kompass wird dazu einfach an einer Ebene ausgerichtet. Erfolgt keine Definition einer Ebene mit dem Kompass, dann wird die Leitung 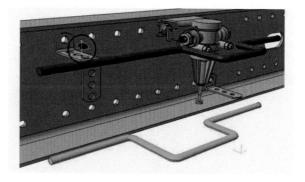 automatisch auf der xy-Ebene erstellt. Wie man aus der Abbildung erkennen kann wurde die grüne Run (Verlegungsreservierung) auf der ursprünglichen xy-Ebene konstruiert. Die violette Leitung wurde hingegen auf der mit dem Kompass neu definierten xy-Ebene am Halter erstellt.

Bevor mit der Konstruktion einer starren Leitung begonnen werden kann, muss der Konstrukteur wissen welche Optionen zur Verfügung stehen. Die Optionen und Funktionen im Dialogfenster für die Erstellung einer starren Leitung bzw. Run werden im Anschluss genau beschrieben.

Wie bei einer flexiblen Leitung muss auch bei einer starren Leitung immer vor der Leitungskonstruktion eine Line ID mit der Funktion *Select/Query Line ID* ausgewählt werden.

Mit der Funktion *Route a Run*
wird das Dialogfenster *Ausführen* für
die Definition eines Leitungsverlaufes (Run) geöffnet. Im Dialogfenster gibt es verschiedene Modi
und Filter für die Konstruktion der
Run. Was diese im Detail bedeuten
wird im Anschluss aufgezeigt.

Punkt-zu-Punkt

Die Run wird zwischen zwei Knotenpunkten erstellt.

Senkrecht

Die Run verläuft zwischen zwei Knotenpunkten immer zuerst in x- und dann in y-Richtung.

Steigung

Die Leitung kann steigend
ausgeführt werden wie es in der
Abbildung dargestellt ist.

Führend

Die Richtung der Run
(Verlegungsreservierung) wird mit
dem Kompass gesteuert.

Linie der Kante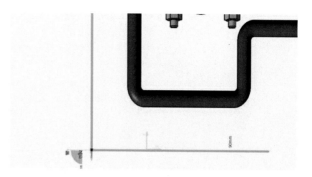

Die Run kann mit einem bestimmten Offset parallel zu einer anderen Leitung erstellt werden. Das Offset wird im Dialogfenster unter Abstand eingetragen.

Verzweigung in der Mitte

Die Run wird vom Mittelpunkt eines selektierten Runsegmentes erstellt.

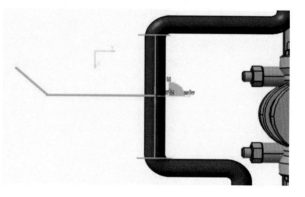

Hinweis: *Bei der Funktion Linie der Kante kann zusätzlich definiert werden, ob das Offset mit der Funktion*

Offset zwischen den Mittellinien oder der äußeren Kontur mit

der Funktion Sicherheitsbereich gemessen wird.

Wie bereits aus den flexiblen Leitungen bekannt, gibt es auch bei den starren Leitungen verschiedene Filter zur Definition der Verbindungen und Knotenpunkte. Die verschiedenen Filter sind im Dialogfenster *Ausführen* unter dem Begriff *Modus auswählen* angeordnet.

Kein Filter

Diese Funktion ist als Standard im Dialogfenster aktiv und es können Verbindungen also auch Punkte selektiert werden.

Im Raum

Diese Anwendung ist vor allem dann hilfreich, wenn man große Umgebungen im Hintergrund wie zum Beispiel eine Schiffstruktur hat und im Raum konstruieren möchte.

Hinweis: *Die Funktion muss verwendet werden, wenn im Cache-Modus gearbeitet wird und mit Objekten aus dem Hintergrund eine Run verlegt werden soll. Ist der Entwurfsmodus aktiv, muss dieser Filter nicht ausgewählt werden. Ist die Option Bei der Verlegung die Auswahl von Objekten im Cache-Modus in den Optionen > Systeme & Ausrüstung > Verlegungsoptionen deaktiviert, dann braucht im Cache-Modus dieser Filter nicht selektiert zu werden.*

Nur Teileverbindung

Dieser Filter ermöglicht es ausschließlich Verbindungen (Connectoren) auszuwählen.

Teil auswählen, um die Liste mit den Verbindungsstücken aufzurufen

Bei diesem Filter werden alle Verbindungen des selektierten Tubingteiles in dem Dialogfenster *Ausgewähltes Teil* aufgelistet. Aus der Liste im Dialogfenster kann die gewünschte Verbindung selektiert werden. Diese wird anschließend an der Geometrie mit einem orangen Pfeil dargestellt. Dieser Filter bietet

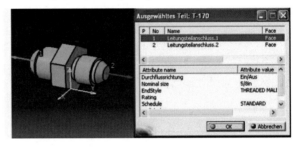

sich sehr gut bei großen Baugruppen mit vielen Elementen an, da nur das Bauteil selbst und nicht die Verbindung an der Geometrie ausgewählt werden muss.

Knotenpunkte importieren

Mit dieser Funktion ist es möglich Knotenpunkte mit deren x/y/z-Koordinaten aus einem Text oder Excel-File nach CATIA zu importieren und anhand dieser Koordinaten und Biegeradien eine Leitung automatisch zu erzeugen. Wird in der Spalte NodeNum erneut mit der Nummerierung Eins begonnen, wird

	A	B	C	D	E
1	NodeNum	X-coord	Y-coord	Z-coord	Bend radius
2	1	0mm	0mm	0mm	0mm
3	2	1000mm	0mm	0mm	0mm
4	3	1000mm	2000mm	0mm	0mm
5	4	0mm	2000mm	0mm	0mm
6	1	0mm	0mm	2000mm	200mm
7	2	1000mm	0mm	2000mm	200mm
8	3	1000mm	2000mm	2000mm	200mm
9	4	0mm	2000mm	2000mm	200mm

an dieser Stelle ein neuer Startpunkt für eine weitere Leitung erzeugt.Wichtig vor allem bei solch importierten Daten ist die genaue Benennung der Spalten. Dazu findet man unter *X:\ ...\ \Dassault Systemes\ B19\ intel_a\startup\ EquipmentAndSystems\ MultiDiscipline\ SampleData > RunInputNodeData* ein Beispiel-File mit den genauen Benennungen für die Nummerierung, Koordinaten und den Biegeradien. Eine detaillierte Anwendung mit importierten Daten wird dann später an einem Beispiel erläutert.

Schnitt-Typ

Mit dieser Funktion wird die Darstellung und Ausrichtung des Querschnittes einer Run definiert. Es gibt zwei unterschiedliche Typen. Bei

der Funktion *Kein Schnitt* □ wird die Run nur mit einer Linie vereinfacht dargestellt. Mit der Funktion *Runder Schnitt* ○ hingegen gibt es weitere Schnittparameter die definiert werden können.

Mit dem Klappmenü kann jetzt bei der Führungsgröße eine entsprechende Ausrichtung des Querschnittes zur Mittelline der Leitung definiert werden. Als Standardausrichtung ist der Querschnitt zur Mittellinie mit der Option *Mitte zentriert* ausgewählt.

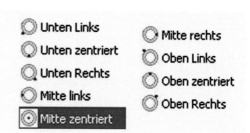

Hinweis: *Der rote Punkt symbolisiert die Mittelline. Das bedeutet zum Beispiel bei der Option Unten Links, dass die Leitung so zur Mittellinie angeordnet wird, dass sich diese an der linken unteren Seite des Rohres befindet.*

In der folgenden Tabelle werden zwei unterschiedliche Ausrichtungen in den Abbildungen dargestellt.

Ausrichtung: Mitte zentriert	Ausrichtung: Unten Links

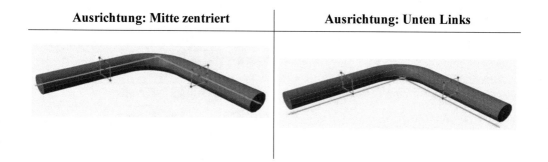

Hinweis: *Diese Möglichkeit der Ausrichtung bietet nur die Funktion Runder Schnitt. Bei keinem Schnitt ist die Ausrichtung immer mittig.*

Außerdem gibt es noch die Möglichkeit den Durchmesser der Hüllkurve zu verändern. Dieser entspricht im Normalfall immer dem Durchmesser der jeweiligen Line ID.

Hinweis: *Wird dieser Durchmesser im Dialogfenster verändert, dann stimmt dieser mit der Line ID nicht mehr überein!*

Mit der Anzeige besteht zusätzlich die Möglichkeit die Run (Verlegungsreservierung) unterschiedlich darzustellen. Bei keinem Schnitt wird der Verlauf immer vereinfacht als Linie dargestellt. Bei einem runden Schnitt stehen beide Möglichkeiten zur Auswahl. Mit der Funktion *Einfach* wird also der Verlauf vereinfacht als Linie dargestellt.

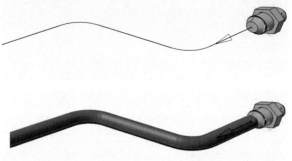

Die Funktion *Reell* bildet die Run als einen Volumenkörper ab.

Sollen sowohl die Mittellinie als auch der Volumenkörper dargestellt werden, dann geschieht das mit der Funktion *Mittellinie anzeigen* .

Drücken, um Regel zu verwenden

Ist diese Funktion aktiv wird die Run auf Grund intelligenter Konstruktionsregeln erstellt. Das bedeutet alle relevanten Parameter referenzieren sich auf die Line ID in der alle Regeln hinterlegt sind. Die Nominale Größe steuert in diesem Fall den Biegungsradius und die Mindestlänge. Solange diese Funktion aktiv ist, sind die Parameter ausgegraut und können nicht verändert werden.

Optionen:	
Biegungsradius:	31,75mm
Mindestlänge:	47,625mm
Nominaler Radius:	2D

Bei der *Deaktivierung* dieser Funktion sind die Parameter nicht ausgegraut und können beliebig verändert werden.

Optionen:	
Biegungsradius:	31,75mm
Mindestlänge:	47,625mm
Nominaler Radius:	2D

Hinweis: *Bei einem definierten Gitternetz von 50 mm und einer Mindestlänge der Leitung von 70 mm wird der Cursor zwar auf das Gitternetz mit 50 mm gerastert, die Leitungslänge jedoch mit 70 mm erzeugt.*

Startet eine Leitung von einem Teil wird von einer existierenden Leitung weitergeführt oder zweigt von einer existierenden Leitung ab, dann ist es hilfreich folgende drei Funktionen zu nutzen.

Linien-ID von der Auswahl abrufen

Die Line ID der aktuellen Auswahl (zum Beispiel Run, Tubing-Teil) wird für die gegenwärtige Konstruktion der Run übernommen.

Größe der Linie von der Auswahl abrufen

Die Größe der aktuellen Auswahl (Run, Tubing-Teil) wird für die gegenwärtige Konstruktion der Run übernommen.

Spezifikation der Linie von der Auswahl abrufen

Die Spezifikation der Auswahl (zum Beispiel Run, Tubing-Teil) wird für die gegenwärtige Konstruktion der Run übernommen.

Hinweis: *Die drei beschriebenen Funktionen sind von den Einstellungen im Projekt Ressource Management File abhängig. Bestimmte Einstellungen in diesem File grauen diese Funktionen aus!*

Alternativpfad anzeigen

Diese Funktion ermöglicht es, unterschiedliche Leitungsverläufe darzustellen bzw. Alternativen zum Standardverlauf zu zeigen. Durch die Selektion dieser Funktion erscheint im Dialogfenster *Ausführen* das Feld *Mögliche Pfade*. Dieses Feld zeigt die Anzahl der verschiedenen alternativen Leitungsverläufe. In diesem Fall sind es drei.

Durch das Selektieren der Funktion *Alternativpfad anzeigen* werden die verschiedenen Alternativen nacheinander dargestellt. Die Funktion ist erst dann nicht mehr ausgegraut, wenn die Enden der Run definiert sind und sie Eigenschaften von einer der folgenden Elemente besitzt:

- Verbindung (Connector)
- Leitungssegment
- 3D-Punkt

In der folgenden Tabelle ist eine Run zwischen zwei Verbindungsteilen (Connectoren) mit zwei unterschiedlichen Verläufen dargestellt.

Alternative 1	Alternative 2
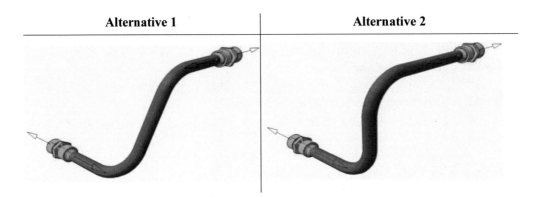	

Die Funktion kann nicht zwischen zwei 3D-Punkten angewendet werden, sondern immer nur in Kombination mit einer Verbindung oder einem Leitungssegment.

Hinweis: *Wird vor der Selektion des Endpunktes die Shift-Taste gedrückt, gehalten und der Cursor über die Verbindung, das Leitungssegment oder den 3D-Punkt bewegt, werden ebenfalls die unterschiedlichen Alternativen angezeigt!*

Verlegungsweg erzeugen

Anstatt einer einfachen Verlaufskurve wird mit dieser Funktion die Run als Volumen dargestellt. Die Funktion hat den gleichen Zweck wie das OK Icon, nur dass in diesem Fall das Dialogfenster *Ausführen* nicht geschlossen wird und somit weitere Eingaben im Dialogfenster möglich sind.

6.1.1 Übung 9 - Mit Leitungsalternativen konstruieren

Bei dieser Übung sollen zwei unterschiedliche Ventile, die an der Innenseite des Fahrzeuglängsträgers montiert sind, mit einer starren Leitung verbunden werden.

Ziel: Eine Run mit einem Durchmesser von ½ inch vom vorderen Ventil zum etwas weiter hinter liegenden Ventilblock kon-

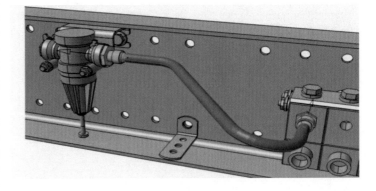

struieren. Mit der Funktion *Alternativpfad anzeigen* alle möglichen Varianten betrachten und die günstigere auswählen.

Tubing-Arbeitsumgebung öffnen

⇨   *Start > Systeme&Ausrüstung > Tubing Discipline > Tubing Design*

⇨   Das Tubing-Beispiel 9 öffnen

Projektressourcen auswählen

⇨   Im Klappmenü *Tools > Project Management > Select/Browse* das Standard-Projekt *CNEXT* auswählen.

Line ID auswählen

⇨   Mit der Funktion *Select/Query Line ID* 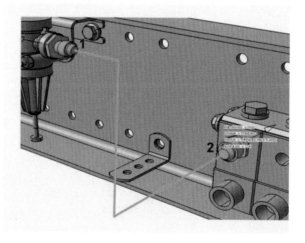 wird die ID *TL105-1/2in-SS150R-FG* ausgewählt.

Leitung konstruieren

⇨   Die Funktion *Route a Run* selektieren. Im Dialogfenster *Ausführen* darauf achten, dass die Konstruktionsregeln aktiv sind. Ansonsten müssen keine weiteren Einstellungen vorgenommen werden.

⇨   Im nächsten Schritt wird der Leitungsverlauf definiert. Dazu wird die erste Verbindung an der Rohrverschraubung am Ventil und im Anschluss die zweite Verbindung an der Rohrverschraubung am Ventilblock selektiert.

⇨ Durch mehrmaliges Selektieren
der Funktion *Alternativpfad an-*
zeigen 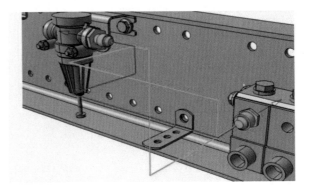 können jetzt die unterschiedlichen Verläufe der Run
dargestellt werden. Es bieten
sich drei unterschiedliche Verläufe an:

1. *Verlauf mit kürzester Dis-*
   tanz

2. *Verlauf orthogonal vom*
   Startpunkt zum Endpunkt

3. *Verlauf orthogonal vom Endpunkt zum Startpunkt*

⇨ In diesem Fall wird der Verlauf mit der kürzesten Distanz ausgewählt.

⇨ Das Dialogfenster *Ausführen* wird mit OK geschlossen und die Run wird erstellt.

⇨ Das fertige Beispiel wird für die nächste Übung 10 gespeichert.

Die Übung ist beendet und mit diesem Wissen erfolgt jetzt der Übergang ins nächste Unterkapitel.

6.2 Starres Rohr erzeugen

Bisher wurde immer nur gezeigt wie
eine Run konstruiert wird. Die Run
ist die Geometrie, mit welcher der
Leitungsverlauf gesteuert wird, jedoch nicht das Rohr oder die Leitung
selbst. Sie ist meistens ein durchgängiger Verlauf und auf diesen werden
dann die verschiedenen Komponenten und Rohre aus einem Katalog
platziert.

Die Rohre hingegen sind nicht durchgängig, sondern von Komponente zu
Komponente konstruiert. Damit wird
im Strukturbaum (wie in der rechten
Abbildung) für jedes Rohr eine
Komponente dargestellt. In den beiden Abbildungen sind die durchgängige Run und die darauf platzierten

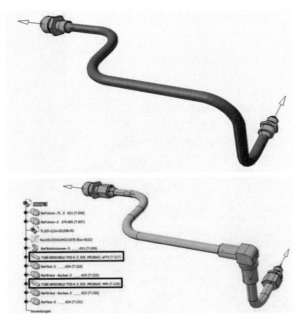

Rohre zu erkennen.

Die Platzierung der Komponenten oder Rohre erfolgt ebenfalls intelligent. So ist es möglich, dass ein Rohr zwischen zwei Komponenten erstellt wird und die dazu passenden Rohrverschraubungen automatisch hinzu platziert werden. Diese Intelligenz und Zuordnungen von Komponenten müssen einmalig definiert werden. Darauf wird nicht weiter eingegangen, da dies die Arbeit eines Administrators und nicht die des Konstrukteurs ist. In diesem Buch wird immer mit den CATIA-Standard-Definitionen und -katalogen gearbeitet.

Wie ein Rohr auf einer Run (Verlegungsreservierung) platziert wird, zeigt die Übung im Anschluss.

6.2.1 Übung 10 - Starres Rohr auf Run platzieren

Diese Übung baut auf der Übung 9 auf. Es wird auf die Run von Übung 9 eine Rohrleitung und automatisch die dazu benötigte Rohrverschraubung platziert.

Tubing-Arbeitsumgebung öffnen

⇨   *Start > Systeme&Ausrüstung > Tubing Discipline > Tubing Design*

⇨   Das Tubing-Beispiel 9 öffnen

Projektressourcen auswählen

⇨   Im Klappmenü *Tools > Project Management > Select/Browse* das Standard-Projekt *CNEXT* auswählen.

Katalog öffnen

⇨   Mit der Funktion *Place Tubing Part* ![icon] wird der Katalog mit den Rohren und anderen Komponenten geöffnet. Über den *Klassenbrowser* ![icon] muss der Funktionstyp *Leitungsfunktion* definiert werden.

⇨   Damit ein Teiletyp ausgewählt werden kann, muss definiert werden, wo das Rohr platziert werden muss. Dazu wird ein Segment der Run selektiert.

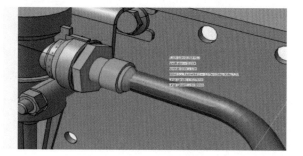

Hinweis: *Durch die Line ID der Run und die Spezifikationen der Verbindungsteile (Connectoren) kann das System jetzt automatisch die dazu passende Rohrleitung mit oder ohne die passenden Rohrverschraubungen ermitteln.*

⇨ Nach der Selektion des Segmentes auf der Run kann jetzt im Dialogfenster *Rohrleitungsteil positionieren* der Teiletyp ausgewählt werden. Da es sich um einen Leitungsverlauf mit Biegungsradien handelt wird der Typ *Biegsame Leitung* selektiert.

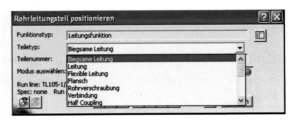

⇨ Gibt es mehrere Auswahlmöglichkeiten, dann erscheint das Dialogfenster *Teileauswahl* wie in diesem Fall. Für die Übung wird das Teil TUBE-BENDABLE-TVII-8S ausgewählt.

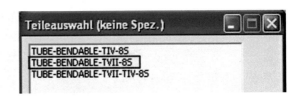

Hinweis: *Die verschiedenen Auswahlmöglichkeiten unterscheiden sich darin, ob nur das Rohr oder auch Rohrverschraubungen an den Leitungsenden verwendet werden. Möchte man nur das Rohr ohne Verschraubung platzieren dann würde man das Teil TUBE-BENDABLE-TIV-8S auswählen. Der Schneidring und die Überwurfmutter kann auch manuell über den Katalog platziert werden.*

⇨ Die Rohrleitung mit den passenden Rohrverschraubungen an den Enden bzw. Verbindungen (Connectoren) wird erzeugt und platziert.

⇨ Das Dialogfenster *Rohrleitungsteil positionieren* kann geschlossen werden.

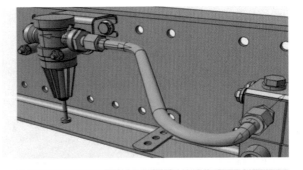

⇨ Die Rohrleitung (Tube) mit den dazugehörigen Teilen für die Anschlussverschraubungen wie den Schneidring und die Überwurfmutter werden im Strukturbaum abgebildet.

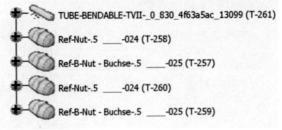

6.2.2 Der Strukturbaum einer starren Leitung

Wie bei den flexiblen Leitungen befinden sich auch in einer starren Leitung unterschiedliche geometrische Elemente. Welche Elemente im Strukturbaum enthalten sind und wozu sie benötigt werden, zeigen die nächsten Seiten. Gerade für nachträgliche Modifikationen ist es hilfreich sich im Strukturbaum orientieren zu können.

Der Strukturbaum einer starren Leitung beinhaltet folgende Elemente:

- die drei Grundebenen
- Achsensysteme
- Referenzelemente
- Parameter
- Beziehungen
- Double (Körper)
- RibPath

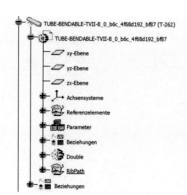

Nach dieser kleinen Übersicht folgt jetzt eine detaillierte Beschreibung.

Die drei Grundebenen

Im Schnittpunkt dieser drei Grundebenen liegt der absolute Nullpunkt der starren Leitung. Auf diesen Ursprung werden alle weiteren geometrischen Elemente wie zum Beispiel Punkte oder Achsensysteme referenziert. Die Ebenen sind automatisch im verdeckten Modus und können manuell mit der Funktion *Verdecken/Anzeigen* 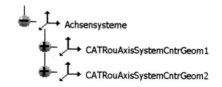 eingeblendet werden.

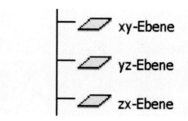

Achsensysteme

Bei der Konstruktion einer starren Leitung wird automatisch am Startpunkt und Endpunkt jeweils ein Achsensystem erzeugt. Diese sind wiederum auf das absolute System referenziert. Bei der Generierung einer Biegetabelle referenzieren sich die Koordinaten der Knotenpunkte auf das Achsensystem am Startpunkt.

Hinweis: *Auch diese beiden Achsensysteme befinden sich im verdeckten Modus und können eingeblendet werden.*

Referenzelemente (geometrisches Set)

In diesem geometrischen Set befindet sich eine Ebene mit dem Namen PlaneConnector1. Diese Ebene liegt am Startpunkt der Leitung und ist senkrecht zur Mittellinie der Leitung ausgerichtet. Die Skizze für den Rohrquerschnitt basiert auf dieser Ebene. Sie wird ebenfalls verdeckt im Strukturbaum angezeigt.

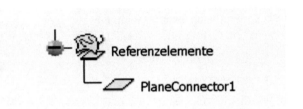

Parameter

Verschiedene Parameter, die mit Formeln wie zum Beispiel dem Kreisdurchmesser für den Leitungsquerschnitt verlinkt sind.

Beziehungen

Unter Beziehungen werden die verschiedenen Formeln, die mit den Parametern im Zusammenhang stehen, dargestellt.

Double (Körper)

Mit diesem Körper wird über die Rippenfunktion der eigentliche Volumenkörper dargestellt. Wie man aus dem Part Design kennt, benötigt man für eine Rippe einen Querschnitt und eine Kurve für den Verlauf. In der *Skizze.1* ist der Querschnitt abgebildet und die *Verbindung.1* bildet die Verlaufskurve (Leitkurve) für die Rippe.

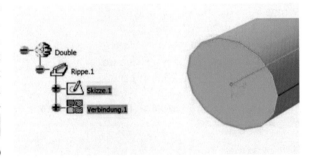

RibPath (geometrisches Set)

In diesem geometrischen Set befinden sich die Elemente, welche für die Ableitung der Verlaufskurve (Leitkurve) benötigt werden. Die Ergebnisse sind alle in der *Verbindung.1*

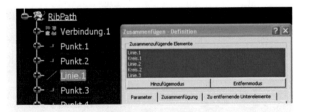

zu einem gemeinsamen geometrischen Element (der Verlaufskurve) verbunden.

6.2.3 Leitungsquerschnitt modifizieren

Wie bei den flexiblen Leitungen, werden auch starre Leitungen vereinfacht als voller Volumenkörper dargestellt. Das bedeutet die Darstellung beinhaltet keinen Innendurchmesser. Wie bei den flexiblen Leitungen muss auch an dieser Stelle in die Skizze für den Rippenquerschnitt eingegriffen

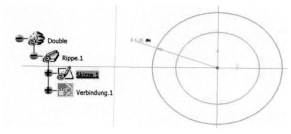

werden. Dazu wird in der Skizze der gewünschte Innendurchmesser mit einem weiteren Kreis dargestellt.

Hinweis: *Eine elegante Lösung in diesem Fall ist, den Innendurchmesser über einen Parameter zu steuern.*

Nach dem Verlassen der Skizze wird der Volumenkörper (die Rippe) mit dem neu konstruierten Innendurchmesser dargestellt.

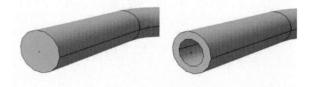

6.3 Übung 11 - Kühlwendel konstruieren

Um das Konstruieren von starren Leitungen noch etwas zu vertiefen gibt es eine weitere Übung.

Ziel: Es soll ein Kühlwendel mit vordefinierten Anschlussverbindungen konstruiert werden. Für das Wendel steht nur ein begrenzter Bauraum zur Verfügung. Das Wendel muss dabei so ausgeführt werden, dass

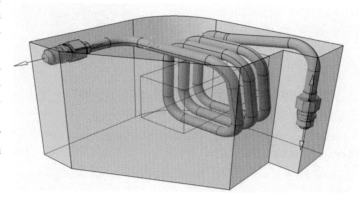

dieser Bauraum nicht durchdrungen wird. Um für eine ausreichende Kühlung zu sorgen, sind drei Windungen an dem Wendel notwendig. Der Durchmesser für das Rohr beträgt ¾ inch.

Tubing-Arbeitsumgebung öffnen

⇨   *Start > Systeme&Ausrüstung > Tubing Discipline > Tubing Design*

⇨   Das Tubing-Beispiel 9 öffnen

Projektressourcen auswählen

⇨   Im Klappmenü *Tools > Project Management > Select/Browse* das Standard-Projekt *CNEXT* auswählen.

Line ID auswählen

⇨   Mit der Funktion *Select/Query Line ID* 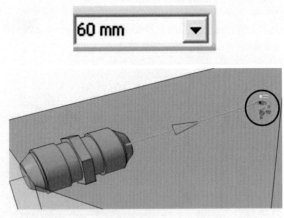 wird die ID *TL107-3/4in-SS150R-FG*

Run konstruieren

⇨   Die Funktion *Route a Run* ∿ selektieren. Im Dialogfenster *Ausführen* darauf achten dass die Konstruktionsregeln aktiv sind. Ansonsten müssen keine weiteren Einstellungen vorgenommen werden.

⇨   Der Gitterschritt wird mit 60 mm definiert.

```
60 mm          ▼
```

⇨   Beginnend bei der ersten Verbindung wird jetzt der Leitungsverlauf definiert. Die Definition erfolgt dabei über den Kompass mit dem Modus *Führend* im Dialogfenster *Ausführen*. Das erste Segment mit einer Länge von 60 mm (Gitterschritt) wird mit einem Klick auf die linke Maustaste definiert. Der Kompass platziert sich am Endpunkt des ersten Segmentes.

Hinweis: *Der weitere Verlauf, das heißt die Ausrichtung der einzelnen Segmente wird mit dem Kompass gesteuert und die Länge der Segmente mit Hilfe der Gitterschritte.*

⇨   Für alle weiteren Leitungssegmente wird ein Gitterschritt von 150 mm definiert.

⇨ Mit Hilfe des Dialogfensters *Parameter zur Kompassmanipulation* wird die Ausrichtung des Kompasses gesteuert. Dazu wird mit der rechten Maustaste der Kompass selektiert und über *Bearbeiten* das Dialogfenster geöffnet. Bei den Drehinkrementen

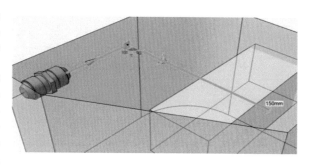

wird jetzt *Entlang U* ein Winkel von 90° und *Entlang V* ein Winkel von 15° definiert.

⇨ Mit der Funktion *Dreht den Kompass um eine negative Intervallgröße um seine U-Achse* ⟳ wird der Kompass in die gewünschte Ausrichtung gebracht. Mit der neuen Ausrichtung wird jetzt ein neues Segment mit 150 mm Länge definiert. Die Gitterschritte werden

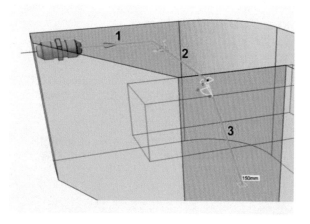

immer entlang der Run mit den Werten (zum Beispiel 150 mm) angezeigt. Die Ausrichtung und die Segmentlänge werden mit einem Mausklick bestätigt.

⇨ Für das nächste Segment wird der Kompass wieder mit der Funktion *Dreht den Kompass um eine negative Intervallgröße um seine U-Achse* ⟳ 90° um die U-Achse und mit der Funktion *Dreht den Kompass um eine negative Intervallgröße um seine V-Achse* ⟳ 15° um die V-Achse gedreht. Danach wird mit der neuen Ausrichtung ein weiteres Segment mit 150 mm definiert.

⇨ Beim vierten Segment wird der Kompass wieder mit der Funktion *Dreht den Kompass um eine negative Intervallgröße um seine U-Achse* ⟳ 90° um die U-Achse gedreht. Die Segmentlänge beträgt wieder 150 mm.

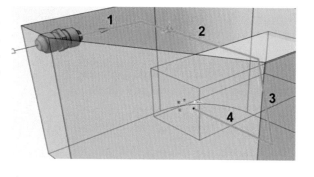

⇨   Die unten dargestellte Tabelle beschreibt den gesamten Verlauf der Run. Der weitere Verlauf ab dem Segment vier wird nach der Tabelle vervollständigt.

Segment	Dreht den Kompass um eine negative Intervallgröße um seine U-Achse	Dreht den Kompass um eine negative Intervallgröße um seine V-Achse	Länge des Segmentes (Gitterschritt)
1	0°	0°	60 mm
2	90°	0°	150 mm
3	90°	15°	150 mm
4	90°	0°	150 mm
5	90°	15°	150 mm
6	90°	0°	150 mm
7	90°	15°	150 mm
8	90°	0°	150 mm
9	90°	15°	150 mm
10	90°	0°	150 mm
11	90°	15°	150 mm
12	90°	0°	150 mm
13	90°	15°	150 mm

⇨   Nach der Definition des Segmentes 13 sollte der Verlauf wie in der Abbildung dargestellt aussehen.

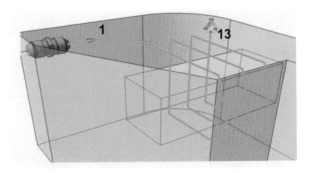

Hinweis: *Die Ausrichtung des Kompasses kann auch mit Hilfe der Shift-Taste gesteuert werden. Dabei wird mit jeder Betätigung der Shift-Taste die Ausrichtung des Kompasses geändert.*

⇨ Das Segment 14 ist das Letzte. Im Dialogfenster *Ausführen* wird der Modus von *Führend* auf *Punkt-zu-Punkt* geändert. Danach wird die Verbindung an der Rohrverschraubung selektiert. Der Leitungsverlauf richtet sich dabei automatisch wie in der Abbildung aus.

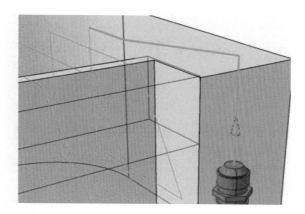

⇨ Nach der Definition des Verlaufes wird das Dialogfenster *Ausführen* mit OK geschlossen und die Run dargestellt.

Rohrleitung mit Verschraubung auf Run platzieren

⇨ Jetzt wird die Rohrleitung auf die Run platziert. Dazu selektiert man die Funktion *Place Tubing Part* .

⇨ Das Dialogfenster *Rohrleitungs-teil positionieren* öffnet sich. Mit der Funktion *Klassenbrowser öffnen* wird der Funktionstyp *Leitungsfunktion* ausgewählt.

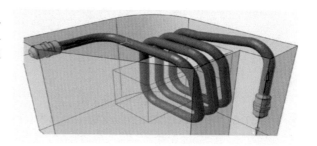

⇨ Um einen *Teiletyp* auswählen zu können, muss jetzt die Run selektiert werden.

⇨ Der Teiletyp Biegsame Leitung wird ausgewählt. Das Dialogfenster *Teileauswahl (keine Spez.)* öffnet sich. Die *TUBE-BENDABLE-TVII-12S* wird selektiert.

⇨ Das Dialogfenster *Rohrleitungsteil positionieren* wird mit OK geschlossen.

⇨ Die Rohleitung mit den dazugehörigen Überwurfmuttern und Schneidringen wurde mit der Rohrleitung auf die Run platziert.

6.4 Übung 12 - Knotenpunkte importieren

In diesem Übungsbeispiel wird ein Kühlwendel mit vordefinierten Knotenpunkten generiert. Dazu werden in einer Excel-Tabelle die Koordinaten der einzelnen Knotenpunkte definiert.

Ziel: Ein Wendel mit drei Windungen mit Hilfe von importierten Daten generieren. Die Koordinaten der Knotenpunkte in einer Excel-Tabelle

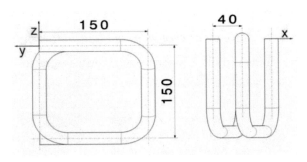

festhalten. Der Startpunkt für das Wendel liegt auf den Koordinaten 0/0/0. Der Durchmesser für die Leitung beträgt 1 inch. Die Distanz zwischen den Knotenpunkten beträgt 150 mm und der Biegungsradius 38 mm. Der Abstand zwischen den Windungen beträgt 40 mm von Mittellinie zu Mittellinie.

Exceltabelle mit Koordinaten und Biegungsradius erzeugen

⇨ Excel Tabelle öffnen

⇨ Die Spalten NodeNum, X-coord, Y-coord, Z-coord und Bend radius erzeugen

	A	B	C	D	E
1	NodeNum	X-coord	Y-coord	Z-coord	Bend radius
2					
3					
4					

Hinweis: *Zu beachten ist die genaue Benennung und Schreibweise der Spalten.*

⇨   In die Spalte *NodeNum* werden die jeweiligen Knotenpunkte fortlaufend nummeriert. In die drei *x/y/z-coord* Spalten werden die Koordinaten absolut definiert. Der Biegungsradius wird in die Spalte *Bend radius* eingetragen

Hinweis: *Die Koordinaten und der Biegungsradius müssen mit der Einheit (in diesem Fall Millimeter) in den Zellen definiert werden, da es sonst beim Import zu einer Generierung mit anderen Einheiten kommen kann. So kann es zum Beispiel sein, dass bei einem Wert von 150 eine Länge von 15000 generiert wird.*

⇨   Die Tabelle wird mit den Werten wie auf der nächsten Seite vervollständigt und gespeichert.

Hinweis: *Bei Excel 2007 oder 2010 sollte die Tabelle als Excel-Format 97-2003 gespeichert werden. Formate von 2007 bis 2010 sind in der Dateiauswahl beim Import nicht ersichtlich!*

NodeNum	X-coord	Y-coord	Z-coord	Bend radius
1	0 mm	0 mm	0 mm	0 mm
2	0 mm	-150 mm	0 mm	38 mm
3	40 mm	-150 mm	-150 mm	38 mm
4	40 mm	0 mm	-150 mm	38 mm
5	40 mm	0 mm	0 mm	38 mm
6	40 mm	-150 mm	0 mm	38 mm
7	80 mm	-150 mm	-150 mm	38mm
8	80 mm	0 mm	-150 mm	38 mm
9	80 mm	0 mm	-150 mm	38 mm
10	80 mm	0 mm	0 mm	38 mm
11	80 mm	-150 mm	0 mm	38 mm
12	120 mm	-150 mm	-150 mm	38 mm
13	120 mm	0 mm	-150 mm	38 mm
14	120 mm	0 mm	0 mm	38 mm
15	120 mm	-150 mm	0 mm	38 mm

Tubing-Arbeitsumgebung öffnen

⇨   *Start > Systeme&Ausrüstung > Tubing Discipline > Tubing Design*

Projektressourcen auswählen

⇨   Im Klappmenü *Tools > Project Management > Select/Browse* das Standard-Projekt *CNEXT* auswählen.

Line ID auswählen

⇨   Mit der Funktion *Select/Query Line ID*  wird die ID *TL108-1in-SS150R-FG*

Run generieren

⇨   Die Funktion *Route a Run* selektieren. Im Dialogfenster *Ausführen* die Funktion *Knotenpunkte importieren* selektieren.

⇨   In der *Dateiauswahl* wird die vorher gespeicherte Excel- Tabelle ausgewählt.

⇨   Die Run wird automatisch generiert und das Dialogfenster *Ausführen* geschlossen.

Rohrleitung auf Run platzieren

⇨   Jetzt wird die Rohrleitung auf die Run platziert. Dazu selektiert man die Funktion *Place Tubing Part* .

⇨   Das Dialogfenster *Rohrleitungsteil positionieren* öffnet sich. Mit der Funktion *Klassenbrowser öffnen* wird der Funkti-

onstyp *Leitungsfunktion* ausgewählt.

⇨ Für die Auswahl eines *Teiletyps* wird die Run selektiert.

⇨ Der Teiletyp *Biegsame Leitung* wird ausgewählt. Das Dialog-fenster Teileauswahl (keine Spez.) öffnet sich. Die *TUBE-BENDABLE-TIV-16S* wird se-lektiert.

⇨ Das Dialogfenster *Rohrleitungs-teil positionieren* wird mit OK geschlossen.

⇨ Bei der Rohrleitung wird in der Skizze für den Querschnitt zu-sätzlich noch ein Innendurch-messer mit zum Beispiel 20,4 mm konstruiert.

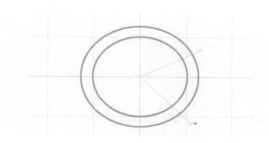

⇨ Die Rohrleitung mit den zusätz-lich konstruierten Innendurch-messer ist auf der Run platziert.

⇨ Die Übung ist beendet.

6.5 Modifizieren und Analysieren einer Run

In diesem Unterkapitel werden die wichtigsten Möglichkeiten und Funktionen zum Modifizieren der Run beschrieben. Man kann sagen, es gibt drei unterschiedliche Modifikationsebenen. Sie unterscheiden sich in der Tiefe der Änderung. Einige Beispiele dazu werden wie folgt aufgelistet.

⇨ **Ebene 1**

- o   Run (Verlegung) fortfahren
- o   Größe ändern
- o   Spezifikation ändern

  ⇨ **Ebene 2**

  - o   Segmente ausrichten
  - o   Biegungsradius
  - o   Run analysieren
  - o   Punkte verschieben
  - o   Segmente verschieben
  - o   Knoten einfügen
  - o   Segmente löschen

    ⇨ **Ebene 3**

    - o   Knotendefinition
    - o   Segmentdefinition

6.5.1 Mit dem Verlegen fortfahren

Mit der Funktion *Mit dem Verlegen fortfahren* besteht die Möglichkeit, an einer vorhandenen Run die Verlegung kontinuierlich weiterzuführen. Dazu wird die Funktion *Route a Run* selektiert. Das Dialogfenster *Ausführen* öffnet sich. Im Anschluss wird der Cursor an das Ende der Run, an welchen eine Fortführung stattfinden soll, bewegt. Es erscheint ein Richtungspfeil wie es

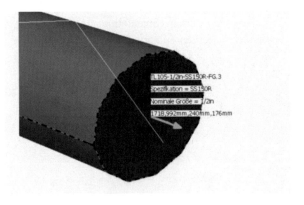

von den Verbindungen (Connectoren) bekannt ist. Der Pfeil wird selektiert.

Im Anschluss erscheinen im Dialogfenster *Ausführen* zwei zusätzliche
Funktionen (Icons). Das linke Icon
beschreibt die Funktion *Mit dem*

Verlegen fortfahren . Nach der
Selektion dieser Funktion kann der
fortlaufende Leitungsverlauf in der
gewohnten Vorgehensweise definiert

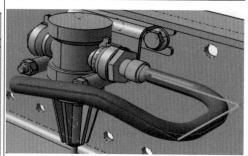

werden. Die Definition wird am Ende mit OK bestätigt und das Dialogfenster *Ausführen* geschlossen. Das Resultat ist eine durchgängige Run ohne Absatz. Dem Konstrukteur wird es
dadurch ermöglicht, eine bereits vorhandene Leitung ohne einen großen Aufwand weiterzuentwickeln.

Run ohne weiteführenden Verlauf	Run mit neuen weiterführenden Verlauf
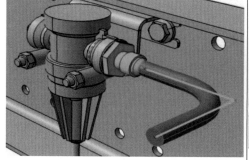	

6.5.2 Neuen Verlegungsweg erzeugen

Ist es nicht gewünscht eine fortlaufende und durchgehende Run zu
erzeugen, dann muss die Funktion
Neuen Verlegungsweg erzeugen

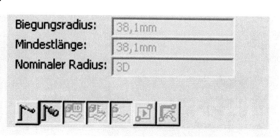 im Dialogfenster *Ausführen*
selektiert werden. Nach der Selektion
wird der weitere Verlauf der Run
definiert. Nach der vollständigen

Definition ist das Dialogfenster *Ausführen* mit OK zu schließen. Das Resultat ist eine neue
Run, die an der bestehenden Run angebunden ist, jedoch ohne einen kontinuierlichen Verlauf.

Hinweis: *Im Strukturbaum wird im Gegensatz zur Funktion Mit dem Verlegen fortfahren*
eine neue Run erzeugt.

Run ohne weiteführenden Verlauf	**Run mit neuen weiterführenden Verlauf**
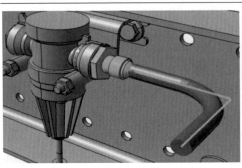	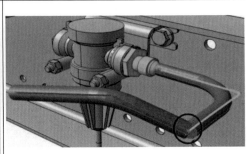

Hinweis: *Der Übergang zwischen der vorhandenen Run und neuer fortlaufender Run ist asso- ziativ miteinander verbunden. Das bedeutet wird das Ende der bestandenen Run verändert, passt sich die anschließende Leitung mit an.*

Verlegungsweg verketten

Sollen die beiden Runs doch mitei- nander verkettet werden, dann ist das mit der Funktion *Verlegungswege*

verketten möglich. Dazu wird der Cursor über eine der beiden Runs platziert und mit der *rechten Maus- taste > Objekt Run > Verlegungswe-*

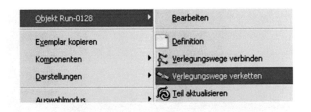

ge verketten die Funktion selektiert. Die beiden Runs werden automatisch mit einem kontinu- ierlichen Übergang verkettet.

Run ohne Verkettung	**Run mit Verkettung**
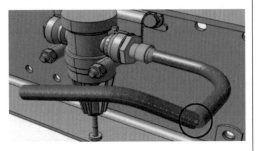	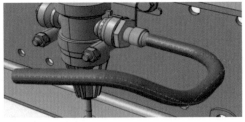

6.5.3 Größe des Teils ändern

Mit dieser Funktion wird es ermöglicht die Größe einer Run nach der Konstruktion zu verändern. Der Leitungsdurchmesser kann so entsprechend einer Line ID verändert werden. Zum Ändern der Größe wird der Cursor über die Run platziert und mit der *rechten Maustaste > Objekt Run* die Funktion *Größe des Teils ändern*

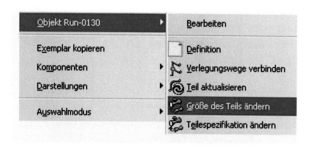

selektiert.

Das Dialogfenster *Größe von Teilen ändern* öffnet sich. Die aktuelle nominale Größe wird angezeigt. Die neue Größe wird aus dem Klappmenü ausgewählt. Nach der Definition der neuen Größe wird das Dialogfenster mit OK geschlossen.

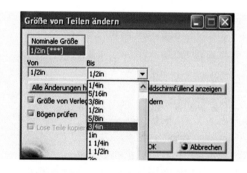

Wird die Option *Bögen prüfen* im Dialogfenster *Größe von Teilen ändern* aktiviert, führt das System nach dem Schließen des Dialogfensters eine Prüfung der Biegeradien (Biegeregeln) durch. Wird im Dialogfenster *Biegeradius überprüfen* in der Spalte *verwendete Biegeregel* ein *Ja* dargestellt dann bedeutet dies, dass alle Bögen bzw. Radien in Ordnung sind. Mit *Nein* wird darauf aufmerksam gemacht, dass die Biegeregeln nicht eingehalten werden können.

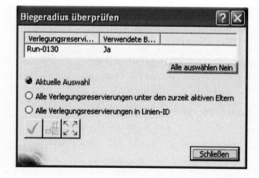

Im Dialogfenster *Biegeradius überprüfen* gibt es noch weitere Filter für die Auswahl der zu prüfenden Elemente. Überprüft werden kann:

- Die aktuelle Auswahl,
- alle Runs (Verlegungsreservierungen) unter den zurzeit aktiven Eltern das bedeutet alle Runs unter dem aktiven Produkt,
- alle Verlegungsreservierungen in Linien-ID, das heißt alle Runs mit der gleichen Line ID.

6.5.4 Teilespezifikation ändern

Die Spezifikationsänderung funktioniert nach dem gleichen Prinzip wie
das Ändern der nominalen Größe.
Die Funktion kann mit der *rechten
Maustaste > Objekt Run > Teilespe-
zifikation ändern* 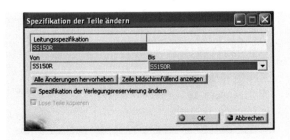 ausgewählt
werden. Im Dialogfenster *Spezifikati-
on der Teile ändern* wird die aktuelle
Spezifikation angezeigt und über das Klappmenü die neue Spezifikation bestimmt. Das Dialogfenster wird mit OK geschlossen.

6.5.5 Run Definieren - Modifizieren

Der Leitungsverlauf (Run) kann
jederzeit verändert werden. Es besteht die Möglichkeit die verschiedenen Knotenpunkte zu verschieben,
Segmente auszurichten, Biegeregeln
zu verändern oder Analysen über
Biegungsradien durchzuführen. Der
Modus für die Modifizierung einer
Run wird durch das Selektieren der
gewünschten Run und mit der rechten *Maustaste > Objekt Run > Definition* aktiv. Das Dialogfenster *Definition* öffnet sich. Dieses Dialogfenster ist ähnlich dem Dialogfenster
Ausführen bei der Erstellung einer
Run. Was die unterschiedlichen
Funktionen können, wird auf den
nächsten Seiten beschrieben.

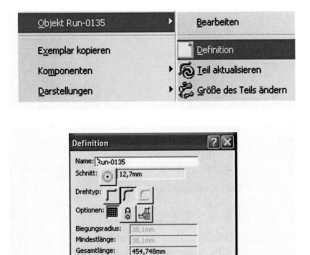

Schnitt

Diese Funktion wird hier nicht mehr erläutert, weil sie schon früher beschrieben wurde und
bereits bekannt sein sollte.

Der *Drehtyp* bestimmt wie der Übergang zwischen zwei Segmenten ausgeführt wird.

Keine Drehung

Das bedeutet der Übergang zwischen
den Segmenten der Run wird eckig
(Biegungsradius ist gleich null) ausgeführt.

Einheitliche Drehung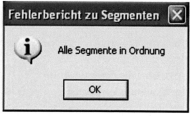

Mit dieser Funktion wird der Übergang zwischen den Segmenten nicht eckig sondern rund (definierter Biegungsradius) ausgeführt. Dieser Biegungsradius ist wiederum über die Konstruktionsregeln oder eine manuelle Eingabe definiert.

Fehlerbericht anzeigen

Die Ampel zeigt, ob die Konstruktionsregeln (Biegungsradien, Längen, ...) eingehalten werden oder nicht. Selektiert man die Ampel, öffnet sich je nach Status (grün oder rot) ein unterschiedliches Dialogfenster. Bei

einer *grünen Ampel* erscheint

das Dialogfenster mit der Meldung – Alle Segmente in Ordnung.

Bei einer *roten Ampel* hingegen erscheint das Dialogfenster *Segmentfehler*. In diesem Dialogfenster werden alle Fehlerstellen entlang der Run beschrieben.

Hinweis: *Mit Hilfe der genauen Fehlerbeschreibung ist die Ursache in den meisten Fällen leicht zu ermitteln.*

Eine weitere Fehlerursache kann sein, dass die Segmente nicht geschlossen sind und diese zuerst miteinander verbunden werden müssen. Wie man nichtverbundene Segmente zusammenführt wird später beschrieben.

Mit der Funktion *Anhand des ausgewählten Fehlers bildschirmfüllend*

anzeigen kann der selektierte Fehler im Dialogfenster an der Run

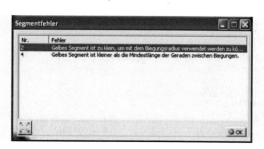

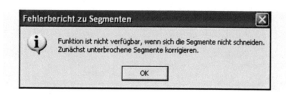

lokalisiert und diese dann bildschirmfüllend angezeigt werden. In der vorherigen rechten Abbildung ist zum Beispiel ein Fehler bildschirmfüllend dargestellt, mit dem Problem, dass das
Segment (gelb) zu kurz ist, um den Biegungsradius welcher in den Konstruktionsregeln definiert ist, zu erstellen.

Knoteneditiertabelle

In diesem Dialogfenster werden die
Knotenpunkte mit ihren x/y/z-
Koordinaten und den dazugehörigen
Biegungsradius aufgelistet. In diesem
Dialogfenster ist es möglich die Ko-
ordinaten und den Biegungsradius
durch neue Eingaben zu verändern.

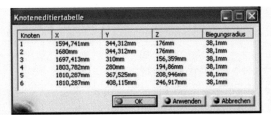

Dazu wird die entsprechende Zeile in
der sich der zu verändernde Wert
befindet selektiert. Die Zeile wird im
Dialogfenster blau hervorgehoben.

Im nächsten Schritt wird dann der
gewünschte Wert ein weiteres Mal
selektiert. Die Zelle mit dem blau
hervorgehobenen Wert öffnet sich
und kann editiert werden. Der Wert

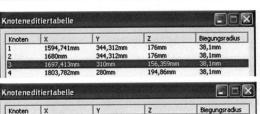

wird geändert und die Eingabe mit OK bestätigt. Die Veränderung wird an der Run dargestellt.

Hinweis: *Werden die Koordinaten von den Knotenpunkten verändert und die Segmente
schneiden sich dadurch nicht mehr, ergibt das eine Rote Ampel. Wie man nicht schneidende
Segmente wieder vereinigen kann wird etwas später erläutert.*

Neben dem Dialogfenster
Definition ergeben sich
mit der Funktion *Defini-
tion* (*rechte Maus-
taste > Objekt Run >
Definition*) noch weitere
Möglichkeiten den Ver-
lauf zu ändern. Die Füh-
rungskurve der Run kann
editiert werden. Dadurch
ist es dem Konstrukteur

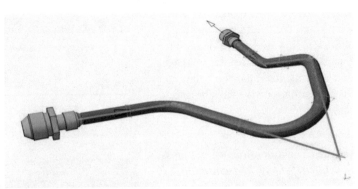

möglich Segmente zu verändern oder Knotenpunkte zu verschieben, löschen oder hinzu zu
fügen. Die Führungskurve für die Run wird grün und die Knotenpunkte werden blau darge-

stellt. Wie man gezielte Modifikationen an der Führungskurve vornimmt, wird auf den nächsten Seiten gezeigt.

6.5.6 Segmentaufbau

Als Segment wird immer der Verlauf zwischen zwei Knotenpunkten bezeichnet. Jedes Segment besteht wiederum aus zwei Teilsegmenten die durch den Mittelpunkt des Segmentes geteilt werden.

An den Enden des Segmentes befinden sich Richtungspfeile. Mit Hilfe dieser Pfeile kann das Segment verlängert oder verkürzt werden. Der Pfeil wird dazu einfach mit dem Cursor selektiert, gehalten und mit der Maus verschoben. Die Verschiebung erfolgt entlang des Segmentes.

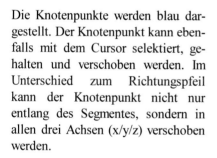

Die Knotenpunkte werden blau dargestellt. Der Knotenpunkt kann ebenfalls mit dem Cursor selektiert, gehalten und verschoben werden. Im Unterschied zum Richtungspfeil kann der Knotenpunkt nicht nur entlang des Segmentes, sondern in allen drei Achsen (x/y/z) verschoben werden.

Hinweis: *Beim Verschieben des Knotenpunktes werden die Koordinaten nebenbei angezeigt. Die Verschiebung erfolgt in den definierten Gitterschritten!*

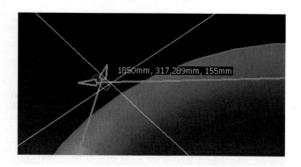

Die Ebene auf welcher der Schnittpunkt der beiden Segmente liegt,
wird mit dem Kompass gesteuert.
Wird der Kompass zum Beispiel
auf die Führungskurve platziert,
kann mit ihm die Ebene verdreht
werden.

Hinweis: *Das Verschieben des
Knotenpunktes mit dem Cursor*
erfolgt immer auf dieser Ebene. Je nach Ausrichtung der Ebene mit dem Kompass, kann der
Knotenpunkt in unterschiedliche Richtungen bewegt werden.

In der Mitte des Segmentes wird der
Mittelpunkt dargestellt. An diesem
Punkt befindet sich das bereits bekannte Quadrat mit den neun Punkten
zur Ausrichtung des Querschnittes.
Die Punkte stellen verschiedene Aus-
richtungsmöglichkeiten des Querschnittes zur Führungskurve (Mittellinie) dar. Für eine neue Ausrichtung
des Querschnittes zur Mittellinie,

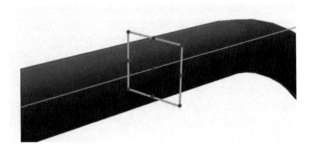

muss lediglich der gewünschte Punkt selektiert werden.

Hinweis: *Die Funktion ist die gleiche wie sie bereits aus der Schnitttyp Definition bekannt ist.*
Aus diesem Grund wird an dieser Stelle nicht mehr weiter darauf eingegangen.

6.5.7 Offene Segmente verbinden

Bei der Erstellung oder Modifikation der Run kommt es immer wieder vor, dass sich Segmente
nicht schneiden und dadurch nicht miteinander verbunden sind. In solchen Fällen gibt es zum
Beispiel die Möglichkeit, die beiden Segmentenden auf einen Knotenpunkt zu trimmen oder
ein neues Segment einzufügen.

Knotenpunkt trimmen

Mit dieser Methode wird jetzt gezeigt, wie sich *nicht verbundene
Segmente* auf Grund einer Modifikation wieder miteinander verbinden
bzw. zwei Knotenpunkte auf einen
Punkt trimmen lassen.

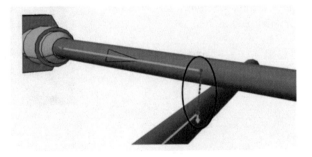

Nicht verbundene Bereiche zwischen
zwei benachbarten Segmenten wer-

den mit einer blau strichlierten Linie dargestellt. Diese Linie stellt ein mögliches Segment dar. In diesem Fall soll jedoch kein Segment eingefügt, sondern die beiden Punkte auf einen gemeinsamen Punkt getrimmt werden.

Dazu muss der grüne Pfeil der über das blau dargestellte Segment hinaus zeigt mit der linken Maustaste selektiert, gehalten und anschließend an den zweiten Punkt herangeschoben werden. Ist der Punkt in der Nähe des benachbarten Punktes kann der Schiebevorgang mit dem Cursor beendet werden.

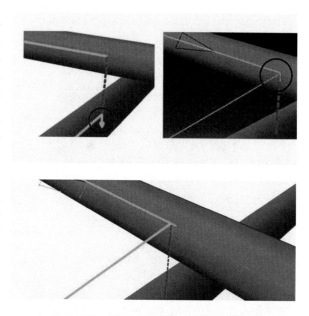

Die beiden Punkte werden automatisch zu einem Punkt getrimmt. Das Dialogfenster *Definition* wird mit OK geschlossen und die Run wird dem neu definierten Verlauf angepasst.

Segment einfügen

Die zweite Möglichkeit ist zwischen den benachbarten nicht verbundenen Segmenten ein neues Segment einzufügen. Dazu wird die blau strichlierte Linie mit der rechten Maustaste selektiert und über die Funktion *Segment erzeugen* ein neues Segment eingefügt.

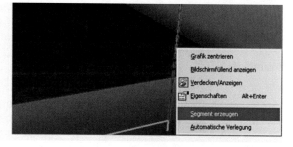

Außerdem gibt es die Möglichkeit die Segmente mit einer automatischen Verlegung zu verbinden. Dazu wird wieder die blau strichlierte Linie mit der rechten Maustaste selektiert und über die Funktion *Automatische Verlegung* ein Dialogfenster geöffnet. In dem Dialogfenster *Automatische Verlegung* besteht jetzt die

Möglichkeit mit der Funktion *Weiter* ▶▶ verschiedene Verlegungsoptionen zu betrachten. Nach der Auswahl einer Verlegung wird das Dialogfenster mit OK geschlossen und der Verlauf angepasst.

Hinweis: *Die Funktion für das Trimmen von Knotenpunkten oder Erzeugen eines Segmentes zweier nicht verbundener Nachbarsegmente steht nur dann zur Auswahl, wenn man sich bereits im Definitionsmodus der Run befindet.*

Die nächsten Modifikationen zeigen jetzt verschiedene Möglichkeiten, detaillierte Veränderungen am Segment und den Knotenpunkten vorzunehmen.

6.5.8 Segment definieren

In der *Run Definition* gibt es die Möglichkeit noch detaillierte Definitionen an einem Segment vorzunehmen. Dazu wird das gewünschte Segment mit der *rechten Maustaste* selektiert und über *Definition* das Dialogfenster *Segmentdefinition* geöffnet.

In dem Dialogfenster stehen wieder verschiedene Funktionen und Optionen zur Auswahl. Welchen Möglichkeiten die einzelnen Funktionen bieten wird in weiterer Folge beschrieben.

Drehwinkel

Mit dem Drehwinkel kann die Ausrichtung bzw. der Winkel eines Segmentes zu seinem benachbarten Segment gesteuert werden. Der neu definierte Drehwinkel wird direkt an der Run mit einer rot strichlierten Linie dargestellt.

Drehwinkel 90° zum Nachbarsegment	**Drehwinkel 45° zum Nachbarsegment**
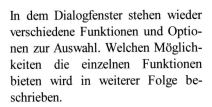	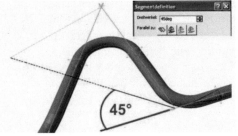

Soll ein Segment an einer definierten Referenz ausgerichtet werden, dann funktioniert das mit den folgenden vier Funktionen

Referenzebene

In der Toolbar *General Environment Tools* kann mit den Funktionen *Offsetebene* und *Erweiterte Offsetebene* eine Referenzebene definiert werden. Diese Ebene wird blau dargestellt. Selektiert man im Dialogfenster *Segmentdefinition* die Funktion *Referenzebene*, dann wird das ausgewählte Segment entsprechend dieser vorher definierten Ebene ausgerichtet.

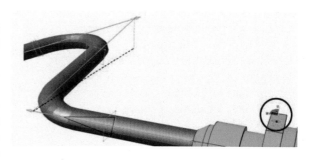

Die neue Ausrichtung wird mit einer rot strichlierten Linie dargestellt. Mit OK wird das Dialogfenster geschlossen und die Ausrichtung umgesetzt.

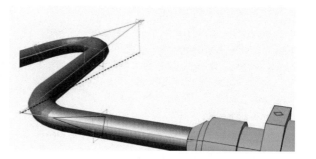

Hinweis: *Bei der Ausrichtung wird nur das jeweilige Segment ausgerichtet, jedoch nicht das benachbarte Segment. Dadurch kann es zu einem unterbrochenen Verlauf kommen, der dann über neue Segmente oder getrimmten Knotenpunkten wieder durchgängig gemacht werden muss.*

Ebene der Kompassbasis

In diesem Fall wird das Segment nach der Basisebene des Kompasses ausgerichtet. Der Kompass wird dazu wie gewünscht positioniert. Im Anschluss wird die Funktion *Ebene der Kompassbasis* selektiert. Das ausgerichtete Segment wird wieder mit einer rot strichlierten Linie dargestellt.

Z-Richtung des Kompasses

Mit dieser Funktion richtet sich das Segment an der z-Achse des Kompasses aus.

Negative Z-Richtung des Kompasses

Mit dieser Funktion erfolgt die Ausrichtung in die entgegengesetzte z-Richtung des Kompasses.

Länge

Bei den Längendefinitionen unterscheidet man zwischen der Segmentlänge und der geraden Länge. Beide können im Dialogfenster *Segmentdefinition* definiert werden. Bei der *Segmentlänge* handelt es sich um die

gesamte Länge zwischen den Knotenpunkten. Die *gerade Länge* ist der gerade Abschnitt zwischen den Leitungsbögen.

6.5.9 Knotendefinition

In diesem Abschnitt wird gezeigt, wie man einzelne Knotenpunkte manipulieren kann. Der Knotenpunkt muss mit der rechten Maustaste selektiert und anschließend *Definition* ausgewählt werden.

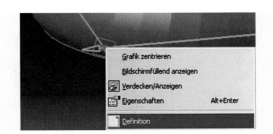

Das Dialogfenster *Knotendefinition* öffnet sich. In diesem Dialogfenster besteht die Möglichkeit die Position des Punktes über Koordinaten zu definieren. Des Weiteren kann der Biegungsradius am Knotenpunkt beliebig verändert werden. Sehr einfach kann die Position eines Knotenpunktes mit der Funktion *Kompassursprung*  definiert werden. Der Knotenpunkt wird dabei immer auf den Ursprung des Kompasses platziert.

6.5.10 Knoten einfügen

Möchte man innerhalb eines Segmentes Knotenpunkte hinzufügen, dann erfolgt das mit der Funktion *Knoten einfügen* . Die Funktion wird durch das Selektieren des Segmentes mit der rechten Maustaste aufgerufen.

Das Dialogfenster *Knoten einfügen* öffnet sich. In diesem Dialogfenster werden die Anzahl der Knotenpunkte in dem Feld *Einzufügende Knoten* und deren Position definiert. Für die Positionsdefinition stehen folgende Funktionen zur Auswahl:

Position des Mittelpunktes definieren

Es gibt die Möglichkeit den neuen Knoten direkt mit dem Cursor nach der Segmentselektion an der Führungskurve zu definieren. Eine weitere Möglichkeit ist mit dem Kompass eine Schnittebene zu definieren. Im Schnittpunkt der Ebene und dem Segment wird der Knotenpunkt erzeugt.

Hinweis: *Die Funktion ist nur bei einem einzufügenden Knotenpunkt verfügbar. Bei mehreren Knotenpunkten wird die Funktion ausgegraut.*

Bereich für die Einfügung von Punkten definieren

In diesem Fall wird ein Bereich für den Knotenpunkt an dem Segment definiert. Die Definition erfolgt mittels eines Anfang- und Endpunktes die den Bereich eingrenzen. Die Punkte werden mit dem Cursor an der Führungskurve definiert. Es können auch Ebenen mit dem Cursor definiert werden, die sich mit der Führungskurve

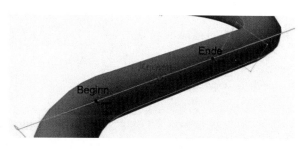

schneiden und so einen Schnittpunkt bilden. Der Schnittpunkt ist der eigentliche Begrenzungspunkt.

Hinweis: *Beim Definieren einer Ebene mit dem Kompass ist es wichtig, dass sich diese mit der Führungskurve schneidet, da sonst kein Punkt erzeugt werden kann.*

6.5.11 Segment löschen

Damit ein Segment gelöscht werden kann, muss es mit der rechten Maustaste selektiert und die Funktion

Segment löschen ausgewählt werden. Durch das Löschen ergibt sich ein unterbrochener Verlauf. Das offene Segment wird mit einer blau strichlierten Linie dargestellt.

zum Löschen selektiertes Segment	**gelöschtes Segment**
	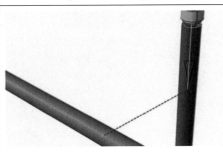

6.5.12 Abgesetztes Segment

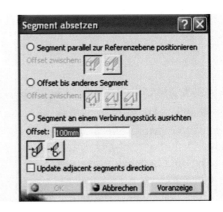

Mit der Funktion *Abgesetztes Segment* ist es möglich, Segmente mit einem Offset entsprechend einer Referenz auszurichten. Das jeweilige Segment muss mit der rechten Maustaste selektiert und im Anschluss die Funktion *Abgesetztes Segment*  ausgewählt werden. Das Dialogfenster *Segment absetzen* öffnet sich und es stehen folgende optionale Möglichkeiten zur Auswahl:

- Segment parallel zur Referenzebene positionieren
- Offset bis anderes Segment
- Segment an einem Verbindungsstück ausrichten

Diese drei Optionen werden im Anschluss näher erläutert.

Segment parallel zur Referenzebene positionieren

Mit dieser Option wird das Segment parallel zu einer Referenzebene ausgerichtet. Deshalb ist es wichtig, eine Referenzebene mit der Funktion *Offsetebene* zu definieren bevor diese Option ausgewählt wird.

Hinweis: *Die Referenzebene kann genauso mit der Funktion Erweiterte Offsetebene* defi-niert werden.

Ist es nicht der Fall, dass eine Offset-ebene (Referenzebene) definiert wurde, dann erscheint folgenden Warnung.

In das Feld *Offset* im Dialogfenster *Segment absetzen* wird der Wert für den Abstand von der Referenzebene definiert und mit der Eingabetaste bestätigt. Die Run passt sich der Referenzebene und dem Offset an. Wie in der rechten Abbildung darge-stellt, richtet sich das orange selek-tierte Segment nach der blauen Refe-

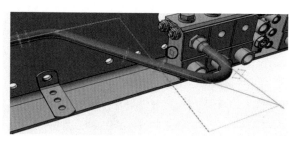

renzebene mit einem definierten Abstand (Offset) aus. Mit den beiden Funktionen *Offset bis*

nächstgelegene Seite und *Offset bis zur entferntesten Seite* wird die Richtung des Offsets bestimmt.

Hinweis: *Durch die neue Ausrichtung eines Segmentes ändert sich auch der gesamte Verlauf. Es kann dadurch zu nicht geschlossen Bereichen der Run kommen. Diese werden mit einer rot strichlierten Linie hervorgehoben. Wird die Option Update adjacent object direction*

☐ **Update adjacent segments direction** *angewählt, dann erfolgt ein Update des Verlau-fes bzw. der Run (Verlegungsreservierung) auf das benachbarte Segment und der Verlauf ist durchgängig.*

Offset bis anderes Segment

Mit dieser Option wird das Offset zu einem anderen Segment definiert. Die Abbildung zeigt das orange selektier-te Segment, welches mit einem be-stimmten Offset zum rot markierten Segment ausgerichtet wird. Die grün strichlierte Linie stellt den neuen Verlauf dar.

Wie das Offset zwischen den beiden Elementen gemessen wird, kann mit folgenden Funktionen definiert wer-den.

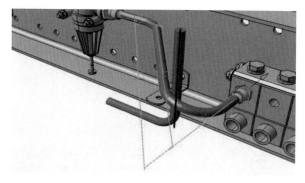

Icon	Funktion
⚙	Äußere Kante bis äußere Kante
⚙	Mittelline bis Mittellinie
⚙	Mittellinie bis äußere Kante

Segment an einem Verbindungsstück ausrichten

Diese Funktion ermöglicht es, ein ausgewähltes Segment an einer selektierten Verbindung (Connector) auszurichten.

6.5.13   Verlegungsweg schließen

Mit der Funktion *Verlegungsweg schließen* ist es möglich eine nicht geschlossene Run zu schließen. Das bedeutet, es werden automatisch der Startpunkt und Endpunkt miteinander verbunden. Zum Ausführen der Funktion wird die zu schließende Run mit der *rechten Maustaste* selektiert und über *Objekt Run > Verlegungsweg schließen* die Funktion ausgewählt. Die Run wird darauf automatisch zu einem geschlossen Kreislauf zusammengeführt.

Hinweis: *Die Funktion Verlegungsweg schließen* ⬚ *steht nur bei einer nicht geschlossenen Run und wenn keine Anschlussteile (Verbindungen) an den beiden Enden der Run vorhanden sind zur Auswahl!*

6.5.14 Verlegungsweg verbinden

Die Funktion Verlegungsweg *verbinden* dient zum Verbinden zweier Runs. Die Run wird mit der rechten Maustaste selektiert und die Funktion über Objekt *Run > gungswege* verbinden ausgewählt. Ist

die Funktion ausgewählt, dann muss
ein Verbindungselement eines anderen Objektes (zum Beispiel Segment)
ausgewählt werden. Danach wird das
Ende jener Run die angepasst werden
soll selektiert. Die Runs werden
automatisch miteinander assoziativ
verbunden.

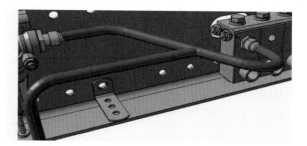

6.5.15 Run aufbrechen

In einer Entwicklung ist die gesamte Konstruktion ein dynamischer Prozess und die Leitungen
werden ständig verändert. So kann es vorkommen, dass eine Run an einer bestimmten Stelle
aufgebrochen werden muss. Welche Optionen dafür zur Verfügung stehen, wird jetzt im Anschluss beschrieben.

In der rechten Abbildung ist eine
durchgängige Run mit einem platzierten T-Stück dargestellt. Ist es gewünscht keine durchgehende, sondern zwei vom T-Stück getrennte
Runs zu erstellen, dann muss ein
Aufbruch durchgeführt werden. Dazu
wird die Funktion *Break an existing*

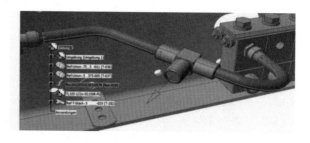

run into two runs selektiert.
Das Dialogfenster *Verlegungsreservierung unterbrechen* öffnet sich und es stehen fünf unterschiedliche Modi zur Auswahl.

Ein Segment einer zu unterbrechenden Verlegungsreservierung auswählen

Mit diesem Modus wird das Segment an welchem ein Aufbruch stattfindet, selektiert. Mit der
Selektion eines Segmentes werden die ausgegrauten Modi

- *Eine Ebene auswählen, um die Position für den Break zu definieren*

- *Eine Verbindung auswählen, um die Position für den Break zu definieren*

im Dialogfenster aktiv. Mit ihnen wird die Position des Aufbruches definiert.

Eine Ebene auswählen, um die Position für den Break zu definieren

Dieser Modus ermöglicht es, mit Hilfe einer Ebene und einem Offset einen Aufbruch an einem
Segment zu definieren. Dazu wird die Funktion selektiert und im Anschluss eine Ebene definiert. Ausgehend von dieser Ebene besteht die Möglichkeit, die Run über ein Offset aufzubre-

chen. Die Position des Aufbruches
wird mit einem blauen Punkt dargestellt. In der rechten Abbildung wurde die plane Fläche des T-Stückes als
Ebene definiert und der Aufbruch 15
mm von dieser Ebene distanziert. Mit
der Funktion *Die aktuelle Offsetrich-*
tung ändern 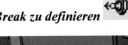 wird die Richtung
für das Offset bestimmt.

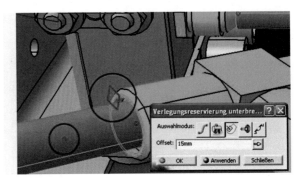

Hinweis: *Bevor eine Ebene mit der Funktion* *definiert werden kann, muss das entsprechende Segment ausgewählt sein. Ansonsten ist diese Funktion ausgegraut!*

Eine Verbindung auswählen, um die Position für den Break zu definieren

Mit diesem Modus wird die Position
des Aufbruches über eine Verbindung definiert. Dazu wird eine Verbindung selektiert. Im Anschluss
wird eine Ebene an der Verbindung
erzeugt. Diese Ebene ist die Referenz
für ein Offset und der Position des
Aufbruches. Die Steuerung des Offsets erfolgt wie bei dem vorigen
Modus.

Hinweis: *Um diesen Modus auswählen zu können, muss ebenfalls zuerst ein Segment definiert
sein!*

Ein Teil auswählen, um die Position für den Break zu definieren

Die Positionen für die Aufbrüche werden mit diesem Modus über ein Teil definiert. Dazu wer-

den die am Teil definierten Verbindungen als Bruchpunkte verwendet.
Die Punkte für die Aufbrüche werden
rot dargestellt. Eine Offsetfunktion
gibt es bei diesem Modus nicht.

Hinweis: *Bei diesem Modus braucht
kein Segment vorrangig definiert
werden.*

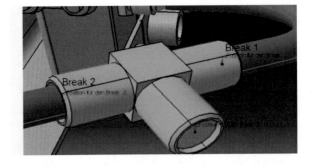

Bestätigt man die Aufbruchspunkte mit OK wird das Dialogfenster geschlossen und die Run in zwei Runs geteilt.

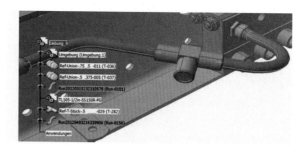

Einen Spool auswählen, um eine Verlegungsreservierung am Endpunkt des Spools zu unterbrechen

Dabei erfolgt der Aufbruch an den Endpunkten des Spools.

6.6 Tubing-Teile aus Katalog einfügen

Wie können Tubing-Teile schnell, einfach aus einem Katalog auf einer Run platziert und ausgerichtet werden? Die Antwort lautet, mit der Funktion *Place Tubing Part*. Mit dieser Funktion können Tubing-Teile (zum Beispiel T-Stück, Verschraubungen, Krümmer, Leitungen) aus einem Tubing-Katalog eingefügt werden. Die Platzierung und Auswahl der Teile erfolgt mit einer Intelligenz, was dem Konstrukteur die Auswahl und Zusammengehörigkeit von Teilen erleichtert.

Es gibt die Möglichkeit einer *Spezifikationsgesteuerten Teilepositionierung*. Dann erfolgt die Abfrage der Teile entsprechend dem Material der Line ID. Erfolgt die Platzierung ohne Spezifikation, dann stehen alle Tubing-Teile zur Auswahl, unabhängig von deren Spezifikation.

Die Auswahl des Funktionstyps wird mit dem Klassenbrowser durchgeführt. Im Anschluss wird dann ein gewünschter Teiletyp ausgewählt. Zum Platzieren der jeweiligen Teile wird dann je nach Teiletyp zum Beispiel ein Segment, ein Rohrbogen oder ein Ende der Run selektiert. Das System erkennt die Selektion und Größe der Run. Es filtert nur jene Teile im Katalog, die platziert werden können. Die Intelligenz reicht so weit, dass eine starre Leitung auf die Run platziert wird und die notwendigen Anschlussteile mit den passenden Nenngrößen automatisch dazu. Welche Modi das Dialogfenster *Rohrleitungsteil positionieren* zum Positionieren der Teile bietet, wird im Anschluss dargestellt.

Auswählen und Angeben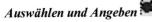

ist der Standardmodus mit dem ein beliebiger Platzierungsort festgelegt wird.

Nur Verlegungsreservierung auswählen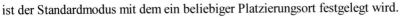

Zum Selektieren einer Run (Verlegungsreservierung),

Nur Anschluss auswählen

Bei diesem Modi wird zuerst das Anschlussteil und folgend die Verbindung selektiert.

Auf der lokalen XY-Ebene angeben

Eine beliebige Position auf der XY-Ebene der lokalen Achse auswählen,

Auf einer Kompassebene angeben

Eine beliebige Position, auf der Kompassebene auswählen,

Nur Fläche auswählen

Es wird eine Fläche und gleichzeitig die Position definiert.

Das Teil auswählen, dessen Anschlussliste gezeigt werden soll

Die Verbindung wird über ein Dialogfenster ausgewählt. Dazu wird das Teil selektiert und in einem Dialogfenster alle darauf definierten Verbindungen gezeigt. Aus dem Dialogfenster kann die gewünschte Verbindung (Connector) ausgewählt werden.

Hinweis: *Gut geeignet für große unüberschaubare Baugruppen, da die Verbindung nicht an der 3D-Geometrie ausgewählt werden muss.*

Kompass-Z für Positionierung in Ausrichtung Aufwärts

Das Tubing-Teil richtet sich dabei automatisch in Kompass-Z Richtung aus und nicht in die übliche Aufwärtsausrichtung des Teiles.

Kompass 1: Z-Ausrichtung	Kompass 2: Z-Ausrichtung
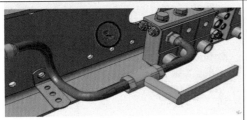	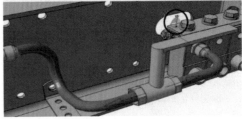

Im aktuellen Kompass positionieren

Das Tubing-Teil wird im Kompass, das heißt wie die Ausrichtung des Kompasses, platziert. In der Abbildung rechts ist das gleiche Ventil in zwei unterschiedlichen Kompasspositionen platziert.

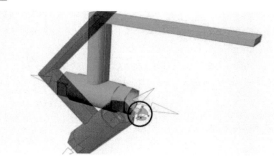

Kompatibilitätsprüfung mit Nachbarelement ignorieren

Ist dieser Modus aktiv, dann ist es möglich Nachbarteile mit anderen Kompatibilitätsregeln zu platzieren.

Direktaufruf für Rohrauswahl

Mit dieser Funktion ist es möglich, gleich direkt ein passendes Rohr auszuwählen ohne dieses über den Teiletyp zu tun. Es wird zum Beispiel eine Run oder ein Tubing-Teil (Rohrverschraubung) selektiert. Mit dieser Funktion kann dann gleich das passende Rohr dazu platziert werden.

Direktaufruf für Auswahl eines Rohrsegmentes

Ist die gleiche Funktion wie die vorherige, nur das einzelne Segmente ausgewählt werden und kein gesamter Verlauf.

Teil mehrfach positionieren

Diese Funktion ermöglicht es Teile mehrfach entlang einer Run zu platzieren. So kann zum Beispiel ein 90°-Rohrkrümmer automatisch an jede 90°-Krümmung entlang der Run platziert werden.

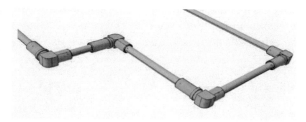

6.6.1 Tubing-Teile verschieben, drehen und ausrichten

Nach der Platzierung eines Tubing-Teiles aus dem Katalog gibt es noch verschiedene Möglichkeiten, wie diese Teile verschoben und verdreht werden können.

Teil in Verlegungsreservierung verschieben/drehen

Mit dieser Funktion ist ein Verschieben und Drehen entlang der Run möglich. Beim Selektieren der Funktion öffnet sich das Dialogfenster *Verschieben/Drehen*. Im Dialogfenster gibt es weitere vier Befehlstypen bzw. Funktionen zum Drehen und Verschieben.

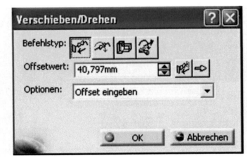

Mit dem Befehlstyp Physische *Teile in Verlegungsreservierung verschieben* , können Bauteile entlang der Run verschoben werden. Die Verschiebung kann direkt mit dem Cursor oder über eine **Offset** durchgeführt werden. Die Verschiebung mit dem Cursor erfolgt entsprechend dem definierten Gitterpunkten. Beim Offset wird die Verschiebung über

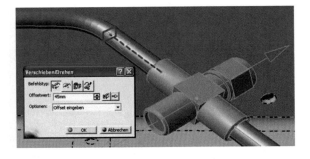

die Ebene und den Wert gesteuert. Mit der Funktion *Offsetebene umschalten* kann eine andere Ebene definiert werden. Das Offset wird blau dargestellt.

Unter Optionen gibt es noch weitere Möglichkeiten einen Punkt für die Verschiebung festzulegen. Mit der Option **Zwei Elemente schneiden** wird das Teil in den Schnittpunkt zweier Elemente platziert. Bei der ersten Selektion wird eine Verbindung an dem zu verschiebenden Teil ausgewählt. Die weitere Selektion ist ein Punkt oder eine Verbindung. Im Schnittpunkt dieser beiden Elemente wird das Bauteil platziert.

Bei der Option **Auswahl mit Ebene schneiden** wird ebenfalls wieder eine Verbindung an dem zu verschiebenden Teil selektiert. Die zweite Definition ist eine Fläche. Der Schnittpunkt dieser beiden Elemente ist die neue Position für das Teil.

Mit dem Befehlstyp *Physische Teile drehen* kann ein Teil um eine Drehachse rotiert werden. Bei der Option **Winkel eingeben** wird das zu drehende Teil selektiert und im Anschluss ein Winkelwert definiert. Die Drehachse ist die Rohrmittellinie. Mit Hilfe der roten und blauen Linie, wird die Verdrehung sichtbar

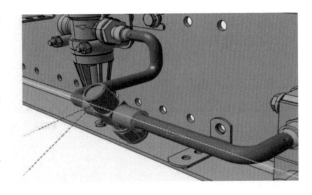

gemacht. Die rote Linie stellt den Ausgangswinkel und die blaue Linie den neu definierten dar.

Die Option **Teile ausrichten synchronisieren** ermöglicht es zwei Teile auf einer Run gleich auszurichten. Das auszurichtende Teil wird selektiert und im Anschluss das Referenzteil. Die beiden Teile werden gleich ausgerichtet. In der Abbildung rechts wird das Kreuzstück nach den T-Stück ausgerichtet.

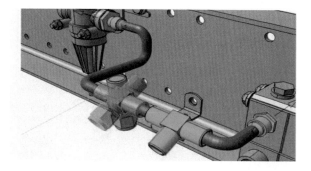

Müssen zwei Teile so ausgerichtet werden, dass sich deren Verbindungen (Connectoren) in einem Punkt schneiden, dann muss die Option **Zwei Elemente schneiden** ausgewählt werden. Es wird zuerst das auszurichtende Teil selektiert und im Anschluss die Referenzverbindung (Connector). Danach wird eine Verbindung am zweiten Teil selektiert. Das erste Teil wird soweit rotiert, dass sich die beiden Verbindungen schneiden.

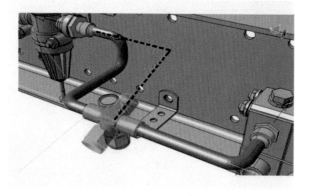

Die Option **Z-Richtung des Kompasses drehen** ermöglicht es dem Konstrukteur, das Tubing-Teil auf der Run nach der z-Richtung des Kompasses auszurichten und im gleichen Moment mit dem Kompass zu verdrehen. Die Ausrichtung kann damit einfach und schnell mit dem Kompass erfolgen. Es wird das zu drehende Teil selektiert und danach mit dem Kompass beliebig um die Run gedreht. Die blau strichlierte Linie stellt die Ausrichtung zur z-Richtung des Kompasses dar.

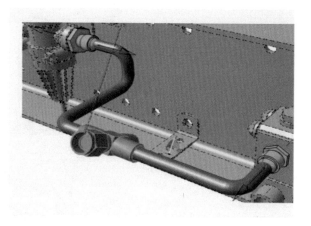

Oft sind mehrere Teile miteinander entlang der Run verbunden. Möchte man eines dieser Teile verdrehen, wird die Rotation nicht auf die benachbarten Teile übertragen. Soll die Rotation auch auf die benachbarten Teile übertragen werden, dann muss die Funktion *Verbundene Teile einbeziehen* 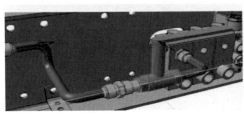 aktiviert werden.

Nachbarteil nicht miteinbezogen	Nachbarteil mit einbezogen

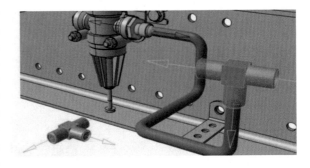

Der Befehlstyp *Physische Teile bis Verlegungsreservierung schieben* 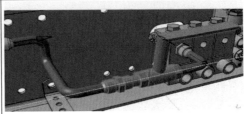 ermöglicht es, frei im Raum herumliegende Teile an eine Run oder ein anderes Teil zu schieben und diese assoziativ miteinander zu verbinden. Es stehen zwei unterschiedliche Optionen zur Auswahl.

Die Funktion **Anfangs-/Endpunkt der Verlegungsreservierung einrasten** ermöglicht es, im Raum freie Teile einfach über deren Verbindungen zu platzieren. Dazu wird die Verbindung von dem Teil, das platziert werden soll, selektiert und im Anschluss die Verbindung mit welcher das Teil 1 verbunden werden soll. In der Abbildung wurde das frei im Raum liegende T-Stück auf das Ende der Run platziert.

Mit der Funktion **Stützelemente in Verlegungsweg einrasten** können zum Beispiel Hängelager oder Schellen nach einer Modifikation der Run wieder angepasst werden. Dazu muss nach der Modifikation der Run einfach die Funktion ausgewählt und die Run selektiert werden. Die Hängelager oder Schellen werden dann automatisch der Run angepasst.

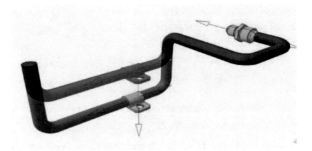

Mit dem Befehlstyp *Netz verschieben*

und drehen  ist es möglich, Objekte mit Hilfe verschiedener Optionen zu verschieben und auch gleich um eine bestimmte Achse zu drehen. Wird der Befehlstyp selektiert, öffnet sich das Dialogfenster *Objekte verschieben*.

Mit der Option **z-Richtung des Kompasses und Abstand** kann ein Objekt in z-Kompassrichtung um einen bestimmten Offsetwert verschoben werden. Dazu wird das Objekt selektiert und anschließend der Kompass ausgerichtet.

Die Option **Verbindung und Abstand** ermöglicht es, ein Objekt in Verbindungsrichtung (Connector) um ein bestimmtes Offset zu verschieben. Das zu verschiebende Objekt wird selektiert und im Anschluss die Verbindung für die Richtung.

Anschluss an Anschluss einrasten kann dann verwendet werden, wenn ein Objekt von einer Verbindung zu einer anderen Verbindung verschoben werden soll. Die Verschiebung wird mit einer blau strichlierten Linie dargestellt.

Mit der Option **Punkt zu Punkt** kann ein Objekt von einem Startpunkt zu einem Zielpunkt verschoben werden. Die Verschiebung wird mit einer blau strichlierten Linie dargestellt.

Bei jeder dieser vier Optionen ist es parallel möglich eine Rotationsachse zu definieren und das verschobene Objekt um diese zu drehen. Die Verdrehung wird mit dem Rotationswinkel gesteuert.

6.7 Teile verbinden und trennen

Teile verbinden

Die Funktion *Connect parts* 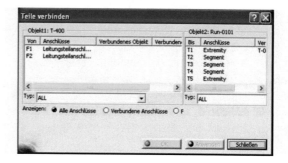 verkettet zwei Teile mit Verbindungen miteinander. Wird ein Tubing-Teil aus dem Katalog automatisch auf eine Verbindung (Connector) platziert, dann sind diese beiden Teile assoziativ miteinander verbunden. Ist das nicht der Fall, dann muss die Verbindung manuell hergestellt werden. Zum Verbinden zweier Objekte wird die

Funktion *Connect parts* selektiert. Danach muss ein Teil oder eine Verbindung (Conector) ausgewählt werden. Das Dialogfenster *Teile verbinden* öffnet sich. In dem Dialogfenster wird jetzt bei Objekt der Name des selektierten Teiles angeführt. Darunter werden in der Spalte *Anschlüsse* alle Verbindungen (Connectoren) angezeigt.

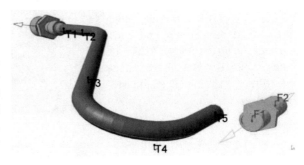

Das zweite Objekt wird selektiert und deren Name sowie alle Verbindungen im Dialogfenster dargestellt. An der 3D-Geometrie der beiden Objekte werden alle Verbindungsmöglichkeiten dargestellt. Wird eine Run selektiert, dann werden nicht nur die Verbindungen an den Enden, sondern auch die Segmente aufgezeigt.

Hinweis: *Damit zwei Objekte miteinander verbunden werden können, muss die zweite Verbindung frei, das heißt mit keinem anderen Objekt verbunden sein.*

Im Dialogfenster werden bei Objekt 1 und Objekt 2 die Verbindungen selektiert welche mitei-

nander verbunden werden sollen. Nach dem die zu verbindenden Elemente selektiert wurden, kann das Dialogfenster mit OK geschlossen werden. Die Elemente werden assoziativ miteinander verbunden. Wird zum Beispiel das Anschlussteil verschoben, zieht die Run mit.

Hinweis: *Die Verbindung wird symbolisch durch den roten und grünen Kreis dargestellt.*

Teile trennen

Zum Lösen einer Verbindung wird die Funktion *Disconnect parts* selektiert. Dabei wird eines der beiden verbundenen Objekte selektiert. Das Dialogfenster *Verbindungen zwischen*

Teilen trennen öffnet sich. In dem Dialogfenster werden jetzt wieder die Verbindungen des selektierten Objektes und zusätzlich die verbundenen Objekte (Verbindungen) dargestellt. Die aufzulösende Verbindung wird im Dialogfenster selektiert und das Dialogfenster mit OK geschlossen. Die Verbindung zwischen den beiden Teilen ist aufgelöst.

6.7.1 Verbindungsarten

Es gibt verschiedene Darstellungen (Symbole) von Verbindungen. Dabei unterscheiden sich die Symbole nach der Art der Verbindung. Um die wichtigsten Verbindungsmöglichkeiten und Symbole besser verstehen zu können, werden diese jetzt kurz dargestellt.

Stern-Verbindung

Diese Verbindung entsteht, wenn eine neue Run an das Ende einer bestehenden Run konstruiert wird. Es entsteht eine gleichwertige Verbindung zwischen den beiden Segmenten. Wird das Ende einer Run bewegt folgt die zweite Run dieser.

Master-Slave-Verbindung

Wie die Verbindung schon aussagt, handelt es sich hier um eine Verbindung zwischen zwei Objekten. Diese Verbindung entsteht, wenn von einer Run abgezweigt wird. Die Abzweigung ist der Slave und die existierende Run der Master. Wird der Master bewegt, folgt der Slave dieser Bewegung. Wird ein Teil auf eine Run platziert dann ist das Teil der Master und die Run der Slave.

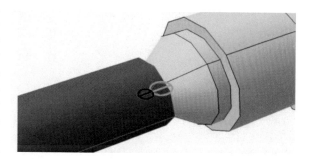

Strömungsteile-Verbindung

Diese Verbindung entsteht, wenn zwei strömungstechnische Bauteile wie zum Beispiel eine Rohrverschraubung mit einem Rohr (keine Run) verbunden werden.

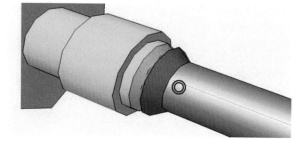

6.8 Offset erzeugen

Zum Konstruieren mehrerer parallelverlaufender Runs gibt es eine Offsetfunktion. Damit braucht eine Run nicht erneut konstruiert werden, sondern wird einfach mit einer Offsetfunktion, einer bestimmten Ausrichtung und einem Abstand dupliziert.

6.8.1 Create an offset route

Mit der Funktion *Create an offset route* 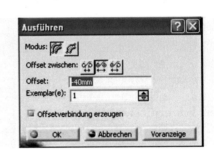 wird das Offset definiert. Das Dialogfenster *Ausführen* öffnet sich. Für das Offset gibt es zwei verschiedene Modi:

Mit dem Modus *Konstanter Radius* ist der Radius der Offsetleitung gleich dem Radius der Masterleitung. Dadurch ergeben sich an den Rohrbögen unterschiedliche Abstände zwischen den Leitungen.

Der Modus *Konstanter Sicherheitsbereich* variiert den Radius der Offsetleitung gegenüber der Masterleitung so, dass der Offsetabstand zwischen den Leitungen konstant bleibt.

Zum Erzeugen eines Offsets wird ein Segment der Masterleitung selektiert und danach der Kompass platziert. Mit dem Kompass wird die Ausrichtung von dem Offset gesteuert. Im Feld *Offset* wird der Wert für den Abstand zwischen den beiden Runs definiert. Mit dem Feld *Exemplare* kann die Anzahl der Offsetexemplare definiert werden.

Hinweis: *Soll der Offsetwert umgekehrt werden, dann muss einfach ein Minus davor eingetragen werden.*

Zum Messen des Offsets zwischen den Elementen gibt es drei unterschiedliche Optionen.

Symbol	Benennung	Funktion
![]	Äußere Kante bis äußere Kante	Das Offset wird zwischen den beiden äußeren Kanten bzw. den Außenflächen der Run gemessen.
![]	Mittellinie bis Mittelinie	Das Offset wird zwischen den beiden Mittellinien der Run gemessen.
![]	Mittellinie bis äußere Kante	Das Offset wird zwischen der Mittellinien und einer Kante bzw. Außenfläche der Run gemessen.

Im Dialogfenster *Ausführen* gibt es noch die Funktion *Offsetverbindung erzeugen*. Damit kann die Offset Run assoziativ zu der Master Run gemacht werden. Das heißt, wird die Master Run verändert, wird diese Änderung automatisch auf die Offset Run übertragen. Die Offsetverbindung wird durch eine gelbe Linie welche beide Runs verbindet dargestellt. Ist die Funktion nicht aktiv, dann wird die Änderung der Master Run nicht übertragen.

6.8.2 Create an offset segment connection

Nachdem es Anwendungsfälle gibt, in denen eine Offsetleitung keinen konstanten Abstand über den gesamten Verlauf hat, besteht die Möglichkeit mit der Funktion *Create an offset segment connection* 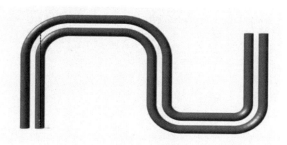 das Offset an einzelnen Segmenten zu verändern. Beim Selektieren der Funktion öffnet sich das Dialogfenster *Ausführen*. Der neue Offsetwert wird im Dialogfenster definiert. Für das Offset muss ein Segment selektiert werden, das in der Offsetfunktion ein untergeordnetes Element darstellt. Das heißt es wird das Startsegment, an dem das neue Offset angewendet werden soll, selektiert.

Hinweis: *Der Abschnitt für das neue Offset wird immer mit einem Start- und Endsegment definiert.*

Im weiteren Vorgang wird ein über-
geordnetes Element (in der Abbildung das grüne Segment), also die
Ausgangsbasis für das Offset, ausgewählt. Dabei wird der Kompass auf
das Element platziert. Mit dem Kompass wird die Ausrichtung für das
Offset definiert.

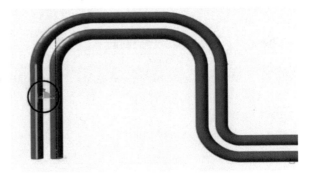

Um den Vorgang abzuschließen,
muss noch das zweite untergeordnete
Segment (Endsegment) definiert
werden. Der neue Offsetverlauf verbindet jetzt die beiden untergeordne-
ten Elemente und wird mit einer rot
strichlierten Linie dargestellt.

Das Dialogfenster wird mit OK geschlossen und das neu definierte
Offset erzeugt. In der Abbildung ist
jetzt das größere Offset zwischen den
Runs über den definierten Verlauf
sichtbar.

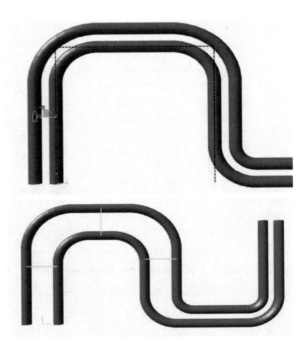

Hinweis: *Die Offsetverbindungen (gelbe Linien) können mit der Funktion Disconnect parts
wie bereits erläutert, aufgelöst werden.*

6.9 Kopieren/Einfügen im 3D-System

Dieses Unterkapitel zeigt, wie man Leitungen einfach und schnell mit einem bestimmten Offset

kopieren kann. Es handelt sich hier um die Funktion *Copy/Paste 3D Systems* . Jedes Dup-

likat ist eine selbstständige Leitung und unabhängig von der Referenz. Dadurch können ähnli-
che Verläufe schnell erzeugt und im Nachhinein individuell auf die notwendigen Gegebenhei-
ten angepasst werden. Mit der Selektion der Funktion öffnet sich das Dialogfenster *3D-
Systeme kopieren/einfügen*. Im Dialogfenster stehen fünf unterschiedliche Optionen für die
Auswahl der Kopien zur Auswahl:

- Zu kopierende Elemente auswählen

- Zu kopierende Elemente im Bereich auswählen

- Zu kopierende Spool auswählen

- Zu kopierende Line ID auswählen

- Verlegungsreservierung(en) unter aktiven Eltern auswählen

Außerdem kann noch ein Zielprodukt sowie die Anzahl der Kopien definiert werden.

Zu kopierende Objekte auswählen

Diese Option erlaubt es, alle Objekte
in der Konstruktion auszuwählen.
Wie auch bei den anderen Optionen
werden die selektierten Objekte dann
im Dialogfenster aufgelistet.

Zu kopierende Elemente im Bereich auswählen

Mit dieser Option wird ein Bereich
ausgewählt. Bei der Selektion der
Funktion öffnet sich das Dialogfenster *Netzwerke analysieren*. Es muss
ein Bereich von *einem Objekt zu
einem Objekt* entlang einer Leitung
definiert werden. Alle Objekte entlang diesen definierten Pfades wer-

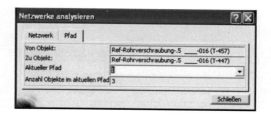

den der Auswahl hinzugefügt. Ein
Beispiel zeigt die Abbildung rechts.
Das Kreuzstück wurde als *Von Objekt* und der Schraubanschluss als *Zu
Objekt* definiert. Alle Objekte die
entlang dieser Verlegung liegen,
werden ausgewählt. In der Abbildung
sind das alle orange markierten Objekte.

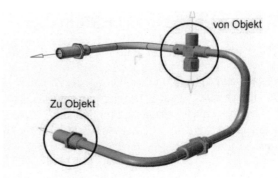

Zu kopierende Spool auswählen

Wird diese Option selektiert, öffnet
sich das Dialogfenster *Auswahlliste,*
in dem alle in der Baugruppe definierten Spools aufgelistet werden.
Aus der Liste werden die zu kopierenden Spools ausgewählt. Alle Elemente die der Spool zugeordnet sind
werden im Dialogfenster *3D-Systeme
kopieren/einfügen* ausgegraut dargestellt, wie in der Abbildung rechts.

Hinweis: *Eine Spool ist eine Gruppe
von Objekten, so wie ein Assembly*
(Baugruppe) *eine Gruppe von Komponenten oder Bauteilen ist. Man kann so Objektgruppen
erzeugen.*

Zu kopierende Line IDs auswählen

Die Auswahl erfolgt nach der Line ID. In dem Dialogfenster *Auswahlliste* werden alle in der
Baugruppe vorhandenen Line IDs aufgelistet. Die gewünschte Line ID wird selektiert und alle
Elemente mit dieser Linie ID werden der Auswahlliste im Dialogfenster *3D-Systeme kopie-
ren/einfügen* zum Kopieren hinzugefügt.

Hinweis: *Die Auswahl erfolgt nach dem gleichen Prinzip wie bei der Spool nur auf Basis der
Line IDs.*

Verlegungsreservierung (en) unter aktiven Eltern auswählen

Bei dieser Option werden wiederum in dem Dialogfenster *Auswahlliste* alle unter dem aktiven
Produkt vorhandenen Runs (Verlegungsreservierungen) aufgelistet. Aus dem Dialogfenster
wird die gewünschte Run selektiert und der Auswahl im Dialogfenster *3D-Systeme kopie-
ren/einfügen* hinzugefügt.

Hinweis: *Im Dialogfenster Auswahlliste können auch mehrere Elemente selektiert werden.
Dazu muss die Strg-Taste gehalten werden.*

Ist man mit der Auswahl der zu kopierenden Elemente fertig, muss im Dialogfenster *3D-
Systeme kopieren/einfügen* das Zielprodukt, also jenes Produkt dem die Kopien untergeordnet
sind, definiert werden. Des Weiteren wird die Anzahl der Kopien definiert. Bestätigt man die
Eingaben mit OK werden die Elemente ohne einer Verschiebung bzw. Verdrehung kopiert. Ist
es gewünscht die Kopien um ein bestimmtes Maß zu verschieben oder um eine Achse zu drehen, dann muss im Dialogfenster die
*Option Ermöglicht das Verschieben
und Verdrehen von kopierten Objekten* aktiv sein.

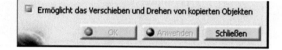

6.9.1 Verschieben und Drehen von kopierten Objekten

Ist die Option *Ermöglicht das
Verschieben und Verdrehen von
kopierten Objekten* aktiv, dann
erscheint nach der Selektion der
OK-Taste im Dialogfenster das
Dialogfenster *Objekte verschieben*.
In diesem Dialogfenster gibt es jetzt
verschiedene Optionen für die
Definition des Offsets und der
Drehung um eine Rotationsachse.

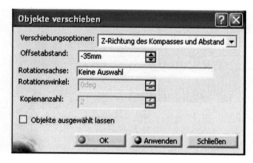

Die unterschiedlichen Verschiebeoptionen werden im Anschluss näher beschrieben.

Z-Richtung des Kompasses und Abstand

In dem Feld Offsetabstand wird das
gewünschte Offset eingetragen. Mit
dem Kompass wird die Richtung für
die Verschiebung definiert.

Hinweis: *Die Referenz für den defi-
nierten Offsetabstand ist die aktuelle
Position des Teiles und nicht die
Position der Kompassfläche.*

Die blau strichlierte Linie stellt den
Offsetwert und die Ausrichtung dar.
Mit der Definition einer Rotations-
achse besteht die Möglichkeit die
Kopien um diese Achse zu drehen.
Dabei wird eine Achse selektiert und
der Winkel definiert. Die Rotations-
achse wird gelb und strichliert darge-

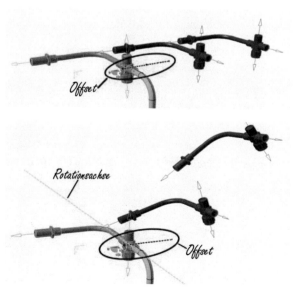

stellt. In der Abbildung ist eine Verdrehung der Kopien um die gelbe Rotationsachse dargestellt.

Verbindung und Abstand

In diesem Fall wird eine Verbindung
(Connector) selektiert. Diese Verbindung ist die Referenz für das
Offset und deren Ausrichtung. Von
dem   Verbindungspunkt
(Connectorpunkt) wird das Offset
gemessen. Die Ausrichtung und der
Abstand werden wieder mit einer
blau strichlierten Linie dargestellt.

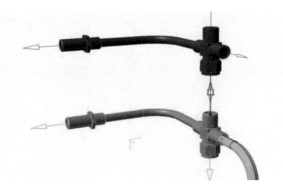

Anschluss an Anschluss einrasten

Die Verschiebung wird hier durch
zwei Verbindungen (Connectoren)
definiert. Dabei wird zuerst die Verbindung am zu verschiebenden Objekt und als zweite Selektion die
Verbindung, zu welcher das Objekt
verschoben werden soll, definiert.
Mit der blau strichlierten Linie wird
die *von-nach Position* dargestellt.

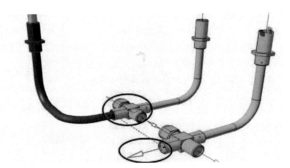

Punkt zu Punkt

Die Option ist ähnlich der Option *Anschluss an Anschluss einrasten,* nur das in diesem Fall
anstatt der Verbindungen Punkte definiert werden.

Kopierte Verlegungsreservierung spiegeln

Die Option ermöglicht es Runs um eine definierte Fläche zu spiegeln.

Hinweis: *Die Funktion Copy/Paste 3D Systems* ![icon] *wird hier im Kapitel über starre Leitungen behandelt, kann aber genauso bei flexiblen Leitungen angewendet werden.*

6.10 Run an Spline annähern

Es handelt sich hier um die Funktion

Route from spline 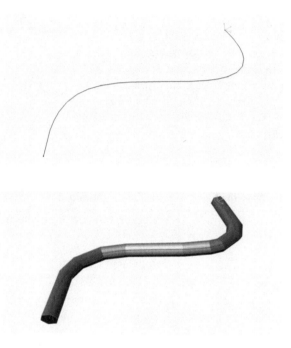 mit der es möglich ist, eine Run an eine Spline anzunähern. Wird die Funktion selektiert, öffnet sich das Dialogfenster *Ausführen*. Im Dialogfenster kann jetzt der Biegungsradius, die Mindestlänge, der nominale Radius, der Schnitt und die maximale Abweichung definiert werden. Mit der maximalen Abweichung wird die Abweichung der Run zur Spline in Millimeter definiert, das heißt je kleiner der Wert desto mehr entspricht die Run dem Splineverlauf.

Mit der Option *Verbindung mit Kurve erzeugen* wird die Run assoziativ abhängig von der Spline gemacht. Das bedeutet jede Verlaufsänderung der Spline wird auf die Run direkt übertragen. Ist die Option nicht aktiv sind die Spline und die Run zwei unabhängige Elemente.

6.11 Messen von Distanzen und Winkeln im 3D-System

Im Tubing gibt es auch eine spezielle Funktion zum Messen von Distanzen und Winkeln bei Rohrleitungssystemen. Es handelt sich dabei um die Funktion *Measure distance/angle of*

3D Systems . Beim Selektieren der Funktion öffnet sich das Dialogfenster *Arrangment Measurement Command*. Im Dialogfenster stehen drei verschiedene Messoptionen zur Auswahl, die im Anschluss näher erläutert werden. Zuerst wird die Messoption und danach werden die Messobjekte ausgewählt. Mit der Funktion *Dialogfenster für Teileanschluss* werden in einem Dialogfenster alle Verbindungen des selektierten Objektes aufgelistet.

6.11.1 Messen von Linienkomponenten

Es kann der Abstand zwischen Leitungssegmenten, Linien oder Verbindungen (Connectoren) gemessen
werden. Der Messabstand wird mit
einer grün strichlierten Linie dargestellt. Die Messergebnisse werden im
Dialogfenster dargestellt. Die folgende Tabelle zeigt die verschiedenen
Auswahlmöglichkeiten zum Messen.

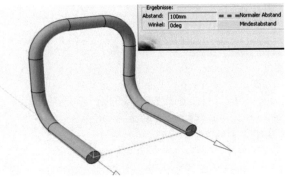

Messoption	Objekt 1	Objekt 2
Von Linienkom- ponenten	Verlegungsreservierungssegment Linie Verbindung (Connector)	Verlegungsreservierungssegment Punkt Knoten Linie Verbindung Teilfläche

6.11.2 Messen entlang einer Verlegungsresevierung

Damit kann man eine Distanz entlang
der Run (Verlegungsreservierung)
messen. So ist es zum Beispiel möglich die Länge einer Leitung vom
Anschluss bis zum zweiten Rohrbogen zu messen wie es in der Abbildung rechts dargestellt ist. Die ge-
messene Länge wird mit einer gelb
strichlierten Linie dargestellt. Der
Start- und Endpunkt für die Messung
ist mit zwei unterschiedlichen Farben
(blau, magenta) dargestellt. Das Ergebnis ist aus dem Dialogfenster zu
lesen.

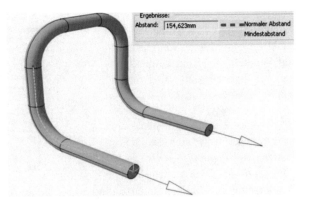

Soll die Länge jedoch nicht bis zu dem Punkt, an welchem der Rohrbogen beginnt, sondern bis zum Endpunkt des Rohrbogens gemessen werden, dann muss im Feld *Segment zum Projizieren von Objekt* das Segment, welches an dem Endpunkt des Rohrbogens anschließt, selektiert werden. Der Rohrbogen wird dann für die Länge berücksichtigt. Die folgende Tabelle zeigt die möglichen Auswahloptionen

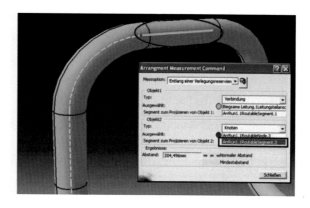

Messoption	Objekt 1	Objekt 2
Entlang einer Verlegungsreservierung	Knoten Punkt Verbindung (Connector) Teilfläche	Knoten Punkt Verbindung (Connector) Teilfläche

6.11.3 Messen zwischen Verbindungselemente oder Knoten

Bei dieser Option können direkte Abstände zwischen Knoten und Verbindungen gemessen werden. In der Abbildung wird der Abstand zwischen der Verbindung am Beginn der Leitung und dem Knotenpunkt des dritten Rohrbogens gemessen. Die Messlänge wird mit einer gelb strichlierten Linie dargestellt. Die folgende Tabelle zeigt die möglichen Auswahloptionen.

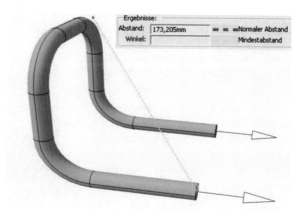

Messoption	Objekt 1	Objekt 2
Verbindungselemente oder Knoten	Knoten Verbindung (Connector)	Knoten Verbindung (Connector)

6.12 Arbeiten mit der Überschneidungsanalyse

Die Überschneidungsanalyse wird hier in das Kapitel Starre Leitungen eingeordnet, ist jedoch eine allgemeine Tubing-Funktion und kann genauso an flexiblen Leitungen angewendet werden. Mit dieser Analyse können Überschneidungen von Bauteilen sichtbar und im Vorhinein verhindert werden. Es gibt die Möglichkeit diese Analyse mit der Funktion *Überschneidungserkennung (Ein)* oder der Funktion *Überschneidungserkennung (Stopp)* zu nutzen.

6.12.1 Überschneidungserkennung (Ein)

Bei dieser Funktion ist die Analyse aktiv, verhindert jedoch keine Überschneidung oder Kollision. Das bedeutet die Überschneidung wird zugelassen und es wird mit einer roten Überschneidungskontur darauf hingewiesen.

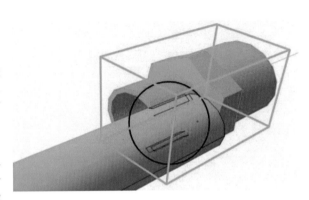

Hinweis: *Die Überschneidungserkennung wird erst aktiv, wenn das Bauteil mit dem Kompass oder dem grünen Rahmen verschoben wird.*

6.12.2 Überschneidungserkennung (Stopp)

Diese Funktion lässt eine Komponente nur bis zur ersten Berührung verschieben. Es wird also keine Überschneidungskontur dargestellt weil die Funktion keine Überschneidung zulässt. Wird zum Beispiel das Anschlussteil (violett) in der Abbildung rechts, quer zur Rohrausrichtung bewegt, dann würde die Analyse folgende Positionen (gelb, grün) wie

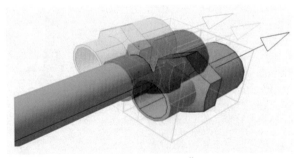

in der Abbildung erlauben. Beide Positionen (gelb und grün) stellen keine Überschneidung dar.

6.13 Übung 13 - Einbau Lenkleitungen

Das ist die abschließende
Übung für den Abschnitt
Starre Leitungen. In dem
Beispiel sind als Aus-
gangsbasis bereits die
wichtigsten Eckpunkte
wie zum Beispiel Befes-
tigungsschellen und
Anschlusskomponenten
platziert, um sich gleich
auf die Leitungsverle-
gung konzentrieren zu
können.

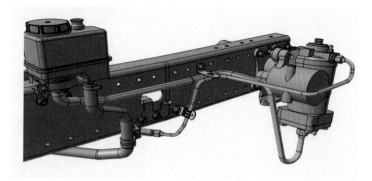

Ziel: An einem leichten Nutzfahrzeug müssen für die Lenkhydraulik jeweils eine Druck- und
Rücklaufleitung zwischen dem Lenkhydraulikbehälter und dem Lenkgetriebe konstruiert werden. Die Leitungen haben eine unterschiedliche Nennweite von ½ inch und ¾ inch. Die Leitungen werden an den vorgegebenen Schellenpositionen befestigt.

Tubing-Arbeitsumgebung öffnen

⇨ *Start > Systeme&Ausrüstung > Tubing Discipline > Tubing Design*

⇨ Das Tubing-Beispiel 13 öffnen

Projektressourcen auswählen

⇨ Im Klappmenü *Tools > Project Management > Select/Browse* das Standard-Projekt
CNEXT auswählen.

Line ID auswählen

⇨ Die Line ID *TL107-3/4in-SS150R-FG* auswählen.

Run konstruieren

⇨ Die Funktion *Route a Run* ![Symbol] selektieren. Im Dialogfenster *Ausführen* darauf achten
dass die Konstruktionsregeln aktiv sind. Ansonsten müssen keine weiteren Einstellungen
vorgenommen werden.

⇨ Der Gitterschritt wird mit 5 mm definiert.

⇨ Beginnend an der Unterseite des Lenkgetriebes wird jetzt mit der Konstruktion der Rücklaufleitung begonnen. Dazu wird die Verbindung (Connector) an der bereits platzierten Rohrverschraubung mit der Nennweite ¾ inch selektiert.

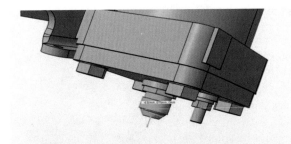

⇨ Der nächste Knotenpunkt für die Run ist die Schelle, mit der die Leitung befestigt wird. An der Schelle ist eine Durchgangsverbindung definiert, die jetzt einfach selektiert wird. Damit wird die Leitung immer assoziativ zentriert zur Schelle ausgerichtet.

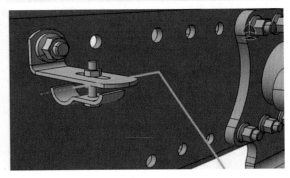

Hinweis: *Wäre an der Schelle keine Durchgangsverbindung definiert, dann müsste die Run mit Hilfe einer Offsetebene so ausgerichtet werden, dass sie an dem Winkelhalter aufliegt. Die Schelle muss dann zur Leitung ausgerichtet werden. Diese Vorgangsweise ist jedoch aufwändiger und daher nicht zu empfehlen!*

⇨ In der weiteren Definitionsreihenfolge wird das Leitungsende definiert. Die starre Leitung wird mit dem Schlauch am Ölbehälter verbunden. Die Richtung der Verbindung zeigt entgegen der Verlaufsrichtung und daher macht die Run einen großen Ausschlag um den Schlauch wie es in der Abbildung zu sehen ist.

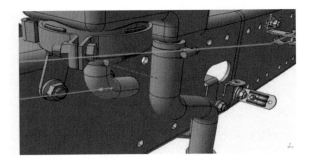

Hinweis: *Für diese Übung wurde die Verbindungsrichtung an dem Schlauch bewusst entgegengesetzt definiert, um eine Modifikation an der Leitung vornehmen zu müssen.*

⇨ Nachdem die Verbindung am Schlauch selektiert wurde, ist das Dialogfenster *Ausführen* mit OK zu schließen. Die Run wird als Volumenkörper dargestellt. Der Verlauf entspricht noch nicht dem gewünschten Verlauf und muss daher angepasst werden.

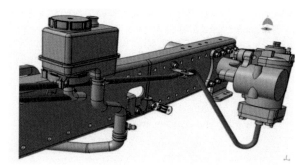

Run an Umgebung anpassen

⇨ Die Run wird selektiert und über die *rechte Maustaste > Objekt Run > Definition* erfolgt jetzt die Anpassung der Run. Die entgegengesetzte Verbindungsrichtung am Schlauch wird ausgebessert. Dazu wird der Knoten 5 der Run mit dem grünen Pfeil entlang des Segmentes verschoben.

⇨ Der Knoten wird soweit verschoben bis sich ein angemessener Verlauf ergibt. Nach dem Verschieben wird im Dialogfenster *Definition* die Funktion *Anwenden* selektiert. Die neu ausgerichtete Run wird dargestellt. Die Segmente werden nicht mehr gelb sondern grün angezeigt, was bedeutet, dass alle Konstruktionsregeln eingehalten werden und der Verlauf OK ist.

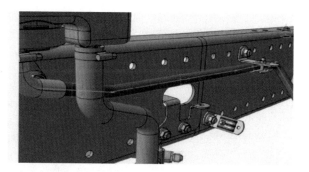

⇨ Außerdem muss aus Platzgründen der Abgang des Leitungsverlaufes an dem Lenkgetriebe anders gestaltet werden. Dazu wird beim Segment 2 ein weiterer Knoten mit der *rechten Maustaste > Knoten einfügen* erzeugt.

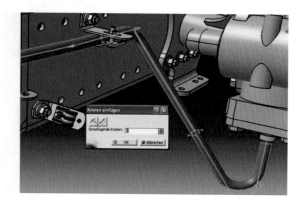

Hinweis: *Die Lage des Knotenpunktes ist zu diesem Zeitpunkt nicht relevant, weil dieser später angepasst wird.*

⇨ Durch den Knoten ist ein weiteres Segment entstanden. Der neue Knotenpunkt wird jetzt annähernd an die gewünschte Position wie in der Abbildung verschoben. Dazu wird mit dem Kompass die Ebene definiert, in welcher der Punkt zu verschieben ist. Der Kompass wird auf die plane Fläche des Lenkgetriebes platziert. Die Ebene am Knotenpunkt wird an der Kompassebene ausgerichtet.

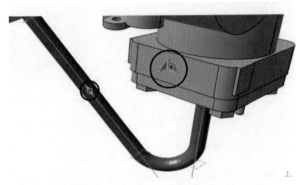

⇨ Jetzt kann der Punkt mit dem Cursor auf dieser Kompassebene verschoben werden. In diesem Fall ist der Punkt annähernd auf die Koordinaten -820 mm, 680 mm, 150 mm zu verschieben, wie in der Abbildung dargestellt ist.

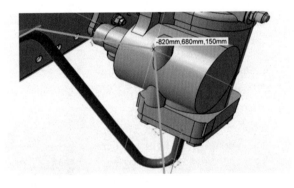

⇨ In der weiteren Vorgehensweise wird das neue Segment ausgerichtet. Als Referenz dient der Winkelhalter mit der Schelle.

Die Funktion *Offsetebene* 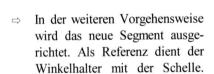 wird selektiert und eine Ebene am Winkelhalter wie in der Abbildung dargestellt, definiert.

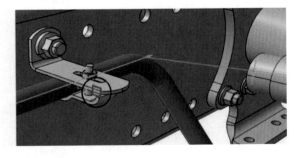

⇨ Um das Segment an dieser Ebene auszurichten, muss über die *rechte Maustaste am Segment > Definition* das Dialogfenster *Segmentdefinition* geöffnet werden. Im Dialogfenster wird bei *Parallel zu:* die Option *Referenzebene* ⬦ ausgewählt.

⇨ Für einen durchgehenden Verlauf, müssen die durch die parallele Ausrichtung getrennten Segmente wieder zusammengeführt werden. Dazu wird der grüne Pfeil am Ende von Segment 2 zum parallel ausgerichteten Segment mit gehaltenem Cursor verschoben.

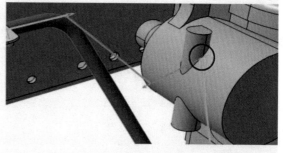

Hinweis: *Sind die beiden Punkte nah genug beieinander dann werden sie automatisch gefangen und zu einem Punkt verbunden.*

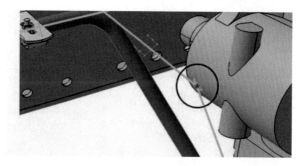

⇨ Der gleiche Vorgang wird jetzt für eine Segmentausrichtung zur waagrechten Halterfläche wiederholt.

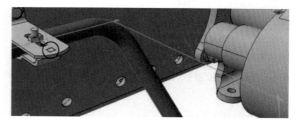

⇨ Nachdem die Run mit der neuen
Ausrichtung sehr nahe am Lenkgetriebe vorbeiläuft, wird jetzt
das parallel zum Halter ausgerichtete Segment selektiert und
mit gehaltenem Cursor in x-
Richtung verschoben.

⇨ Die Segmente 1 und 2 werden
noch gelb und nicht grün dargestellt. Das liegt an der zu kurzen
Segmentlänge für einen Bogen
zwischen den beiden Segmenten.
Um das Problem zu beheben,
wird Segment 1 mit Hilfe des
Pfeiles am Segmentende verlängert, bis die Segmente grün dargestellt werden.

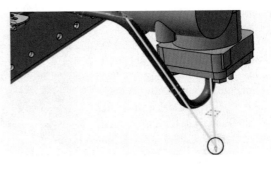

Hinweis: *Die neue Modifikation wird immer erst durch das Selektieren der Funktion Anwen-*
den im Dialogfenster Definition überprüft. Das bedeutet, die Leitung wird erst dann grün
wenn Konstruktionsregeln eingehalten werden und die Funktion Anwenden selektiert wurde.

⇨ Ist die Run fertig ausgerichtet
muss im Dialogfenster eine grü-

ne Ampel 🔴 erscheinen. Das
bedeutet alle Konstruktionsregeln wurden eingehalten.

Druckleitung konstruieren

Nach dem die Run für die Rücklaufleitung fertiggestellt ist, wird der Verlauf für die Druckleitung erzeugt.

Line ID auswählen

⇨ Die Line ID *TL105-1/2in-SS150R-FG* auswählen.

Run konstruieren

⇨ Die Funktion *Route a Run*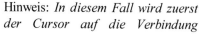
selektieren. Im Dialogfenster
Ausführen darauf achten, dass
die Konstruktionsregeln aktiv
sind. Ansonsten müssen keine
weiteren Einstellungen vorgenommen werden. Bei dieser Line
ID gibt es mehrere Konstruktionsregeln. In diesem Fall wird
die Regel mit einem Biegungsradius von 1 inch ausgewählt.

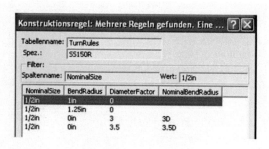

⇨ Die Run wird beginnend beim
Lenkgetriebe verlegt. Die Verbindung (Connector) an der bereits platzierten Rohrverschraubung am Lenkgetriebe wird selektiert.

⇨ Für den nächsten Knotenpunkt
der Run wird die zweite noch
nicht verwendete Verbindung an
der Schelle selektiert.

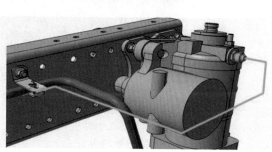

Hinweis: *In diesem Fall wird zuerst
der Cursor auf die Verbindung*
(Connector) *bewegt, so dass der grüne Pfeil erscheint. Er wird noch nicht selektiert! Ist der
Pfeil sichtbar dann können mit der Shift-Taste verschiedene Verlegungsvarianten (kürzester
oder rechtwinkeliger Verlauf) dargestellt werden. Für die Übung wird der gleiche Verlauf wie
in der Abbildung rechts gewählt.*

⇨ Das Rohr wird ein weiteres Mal
an einem Halter mit einer Schelle befestigt. Für den Knotenpunkt wird die Verbindung der
Schelle selektiert.

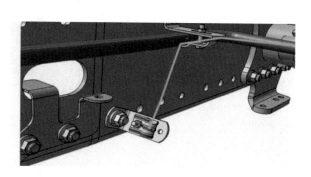

⇨ Der Verlauf der Run endet an der Rohrverschraubung des Leitungsschlauches unterhalb des Rahmenlängsträgers. Die Verbindung (Connector) der Verschraubung wird selektiert.

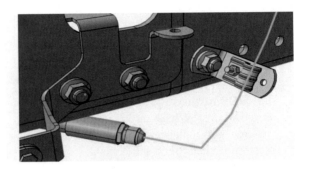

⇨ Mit der Funktion *Definition* wird im Dialogfenster *Definition* die Run analysiert. In diesem Fall steht die Ampel 🔶 auf Rot. Das Problem sind die drei gelben Segmente, deren Länge kürzer als die in den Regeln definierte Mindestlänge ist. Um das Problem zu beheben, werden die drei Segmente mit Hilfe der Pfeile an den Segmentenden solange verlängert bis die Ampel 🟢 grün ist.

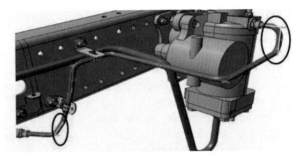

Hinweis: *Eine Prüfung der Konstruktionsregeln nach einer Modifikation erfolgt erst nachdem die Funktion Anwenden selektiert wurde!*

Rohre mit Verschraubung aus Katalog einfügen

⇨ Nachdem die beiden Runs verlegt sind, können die Rohrleitungen darauf platziert werden. Die Funktion *Place Tubing Part* wird selektiert. Über den *Klassenbrowser* wird der Funktionstyp *Leitungsfunktion* ausgewählt.

⇨ Ein Segment der Rücklaufleitung (3/4 inch) wird selektiert und der Teiletyp *Biegsame Leitung* definiert.

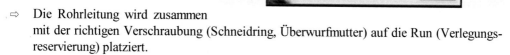

⇨ Aus dem Dialogfenster *Teileauswahl (kein Spez.)* wird die Rohrleitung TUBE-BENDABLE-TVII-12S ausgewählt.

⇨ Die Rohrleitung wird zusammen mit der richtigen Verschraubung (Schneidring, Überwurfmutter) auf die Run (Verlegungsreservierung) platziert.

Hinweis: *Das Dialogfenster Rohrleitungsteil positionieren wird noch nicht geschlossen!*

⇨ Als weiterer Schritt wird die Druckleitung (Run) selektiert. Die Rohrleitung mit einer Nennweite von ½ inch wird zusammen mit der Verschraubung (Schneidring, Überwurfmutter) platziert.

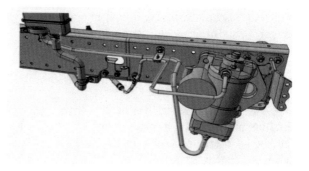

⇨ Das Dialogfenster *Rohrleitungsteil positionieren* kann jetzt geschlossen werden.

⇨ Die Übung ist an dieser Stelle erfolgreich beendet.

Hinweis: *Als zusätzliche Übung können die Leitungen (Runs) noch nach eigenem Ermessen verändert und angepasst werden.*

7 Zeichnungserstellung

In den meisten Fällen genügt es nicht, nur dreidimensionale Konstruktionen zu entwerfen. Gerade für Montage- oder Fertigungszwecke ist es notwendig, die Leitungen auf Zeichnungen zu dokumentieren. Dieses Kapitel zeigt, wie man starre Rohrleitungen für die Fertigung mit allen wichtigen Informationen aufbereitet und zeigt auch Vorschläge für die Aufbereitung von Einbauzeichnungen mit flexiblen und starren Leitungen. Die Dokumentation wird in der Arbeitsumgebung Drafting durchgeführt. Auf die Grundlagen der Arbeitsumgebung Drafting wird an dieser Stelle nicht eingegangen.

7.1 Rohrzeichnung mit Biegereport

In diesem Abschnitt wird das Dokumentieren einer Rohrleitung (als Einzelteil) mit einem Biegereport bzw. Biegetabelle näher gebracht. Auf der Biegetabelle befinden sich alle wichtigen Biegeinformationen für die Fertigung der Rohrleitung.

7.1.1 Ableitung aufbereiten

Ist die Rohrleitung fertig, das heißt die Run mit der darauf platzierten Leitung, kann eine Ableitung für die Zeichnung erstellt werden.

Hinweis: *Eine Run allein genügt nicht, es muss immer eine Leitung mit der Funktion Place Tubing Part* platziert sein, weil die Ableitung und später der Report auf diese Daten zurückgreift.

Zum Ableiten wird über das Klappmenü *Start > Mechanische Konstruktion > Drafting* die Arbeitsumgebung geöffnet. Die Darstellung der Rohrleitung mit den Biegepunkten erfolgt in diesem Fall mit einer Isometrischen Ansicht. Das bedeutet eine ISO View wird generiert. Dazu wird die Funktion *Isometrische Ansicht* aus der Toolbar *Ansicht* selektiert. Die Arbeitsumgebung wird gewechselt und die abzuleitende Rohrleitung

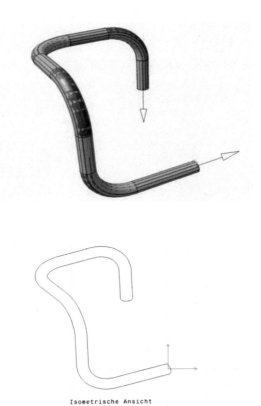

Isometrische Ansicht
Maßstab: 1:1

selektiert. Die Ansicht wird im Anschluss automatisch generiert. Mit dieser Ansicht ist die

Leitung zwar in 3D abgebildet, jedoch fehlen noch wichtige Informationen für die Fertigung der Rohrleitung. Eine wichtige Information für die Fertigung sind die Biegepunkte (Knotenpunkte) deren Koordinaten in einer Biegetabelle dargestellt werden. Zum Einblenden der Knotenpunkte wird die *Ansicht* mit der rechten Maustaste selektiert und Funktion *Eigenschaften* selektiert.

Das Dialogfenster *Eigenschaften* öffnet sich. Bei *Aufbereiten* ist die Option *3D-Punkte* zu aktivieren. Das Dialogfenster *Eigenschaften* wird mit OK geschlossen und die Knotenpunkte werden in der Isometrischen Ansicht dargestellt.

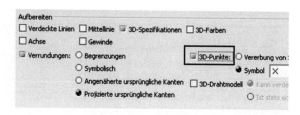

Hinweis: *Werden trotz einer Aktivierung der 3D-Punkte in den Eigenschaften der Ansicht keine Knotenpunkte abgeleitet, dann muss unter Tools > Optionen > Mechanische Konstruktion > Drafting > Verwaltung bei Abgeleiteter Ansichtstyp die Option > Verwendung abgeleiteter Ansichtstypen sperren deaktiviert werden.*

In weiterer Folge wird jetzt eine Mittellinie von Knotenpunkt zu Knotenpunkt konstruiert. Das kann einfach mit der Funktion *Profil* ⟨Symbol⟩ erfolgen. Die Knotenpunkte in der View werden noch durchnummeriert, damit die Knotenpunkte den Punkten in der Biegetabelle (Report) besser zugeordnet werden können.

Hinweis: *Im Report werden nicht nur die Knotenpunkte wie in der View dargestellt, sondern jeder Endpunkt eines Segmentes. Dadurch ergeben sich mehr Knotenpunkte als auf der Zeichnung notwendig sind. Damit die Nummerierung in der Ansicht mit dem Report übereinstimmt, müssen diese unsichtbaren Punkte mit berücksichtigt werden. In der Abbildung sind alle durch den Report mit eingebundenen Punkte dargestellt.*

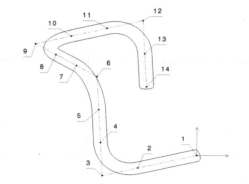

Nachdem diese Darstellung mit den
vielen Punkten unübersichtlich wirkt
und für die Fertigung nur die Eckkno-
tenpunkte wichtig sind, ist es empfehlenswert auch nur diese darzustellen.

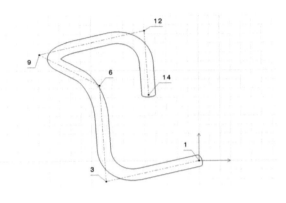

Hiweis: *Wird die Rohrleitung modifi-*
ziert, erfolgt in der Ansicht eine
Aktualisierung. Dabei werden die
Knotenpunkte assoziativ angepasst,
die selbst konstruierte Mittellinie
jedoch nicht.

Die Ansicht ist jetzt vorbereitet und die Biegetabelle (Report) kann erzeugt werden.

7.1.2 Biegetabelle (Report) generieren

Der Report für die Biegetabelle wird in der Arbeitsumgebung *Tubing* ausgeführt. In diesen
Report können jetzt beliebige Attribute, Eigenschaften, Koordinaten, Winkel der Rohrleitung
tabellarisch dargestellt werden. Für den Report kann ein Standardreport oder ein Report mit
selbst definierten Attributen erstellt werden. In diesem Fall wird der Standardreport verwendet
und individuell angepasst.

Report definieren

Dazu wird im Klappmenü > *Tools* >

Report > *Define* ![icon] selektiert. Das
Dialogfenster *Berichtsdefinition*
öffnet sich. Bei Berichtsname ist jetzt

mit der Funktion ![icon] die Standard-
vorlage *TubingBendReport* auszuwählen. Im Berichtstitel wird *Bend*
Report angezeigt. In diesem Standardreport sind jetzt verschiedene
Attribute für eine Biegetabelle definiert.

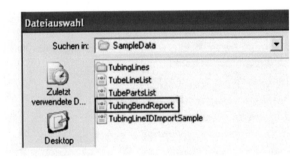

Mit der *Felddefinition* ist es möglich
die Attribute im Dialogfenster mit
weiteren Attributen zu ergänzen. Das
Attribut wird über Datenverzeichnis
> *Typ* > *Attribut* definiert. Mit der
Funktion *Hinzufügen* wird die Attri-
butliste um das definierte Attribut
erweitert. Mit der Funktion *Feld löschen* können Attribute wieder aus der Liste entfernt werden. Die Anordnung der Attribute und der Werte in der Biegetabelle wird mit den Pfeilen (hö-

her, tiefer) gesteuert. Der Report mit den neuen oder gelöschten Attributen und deren Anordnung wird als neuer Report mit der Funktion *Sichern unter* in ein beliebiges Verzeichnis gespeichert. Mit dieser neuen Reportvorlage kann jetzt ein Bericht mit den vorher definierten Attributen generiert werden.

Attribut	Spaltenüberschrift	Sortieren	Gruppie...	Summ
Teilenummer	Part Number			
Nominale Größe	Nominal Size			
Knotennummer	Node Number			
Knoten X	Node X			
Knoten Y	Node Y			
Knoten Z	Node Z			
Segmentlänge	Segment Length			
Leitungslänge	Tube Length			
Biegeradius am Knoten	Node Bend Radius			

Bericht und Biegetabelle generieren

Bevor ein Report generiert wird, muss das betreffende Teil definiert werden. Dazu wird die Leitung im Strukturbaum selektiert.

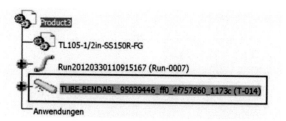

Die Funktion zum Generieren wird im Klappmenü > *Tools* > *Report* > *Generate* ausgewählt. Das Dialogfenster *Bericht generieren* öffnet sich. Mit der Funktion *Öffnen* wird der vorher definierte Report ausgewählt.

Hinweis: *Mit der Funktion Öffnen wird immer der Report ausgewählt, welcher für den gegenwärtigen Anwendungsfall benötigt wird.*

Des Weiteren muss im Dialogfenster eine aus den drei Berichtsmöglichkeiten gewählt werden. In diesem Fall soll ein Bericht von der selektierten Leitung erstellt werden, daher die Auswahl *Momentan ausgewählte Objekte.*

Das *Dialogfenster Bericht generieren* wird mit OK geschlossen und das Dialogfenster *Bend Report* öffnet sich. In diesem Dialogfenster sind alle definierten Attribute mit deren Werten enthalten. Es gibt jetzt die Möglichkeit diesen Report (Bericht) mit der Funktion *Sichern unter* zu speichern. Es stehen dabei verschiedene Dateitypen zur Auswahl (htm, xml, xls,…).

Bend Report

Node Number	Node X	Node Y	Node Z	Node Bend Radius	Node Rotation Angle	Node Slope Angle	Segment Length	Tube Length
#1	0mm	0mm	0mm			0deg	61,9mm	453,689mm
#2	0mm	61,9mm	0mm					
#3	0mm	100mm	0mm	38,1mm		90deg	59,847mm	
#4	0mm	100mm	38,1mm		-90deg		38,1mm	
#5	0mm	100mm	76,2mm					
#6	0mm	100mm	114,3mm	38,1mm		0deg	59,847mm	
#7	38,1mm	100mm	114,3mm		90deg		38,1mm	
#8	76,2mm	100mm	114,3mm					
#9	114,3mm	100mm	114,3mm	38,1mm		0deg	59,847mm	
#10	114,3mm	61,9mm	114,3mm		-90deg		38,1mm	
#11	114,3mm	23,8mm	114,3mm					
#12	114,3mm	-14,3mm	114,3mm	38,1mm		-90deg	59,847mm	
#13	114,3mm	-14,3mm	76,2mm				38,1mm	
#14	114,3mm	-14,3mm	38,1mm					

Außerdem gibt es mit der Funktion *In Dokument einfügen* die Möglichkeit den Report als Biegetabelle in einer Zeichnung einzufügen. Dazu wird die Funktion selektiert und in das Drawing gewechselt. Das Blatt im Strukturbaum wird selek-

Bend Report

Node Number	Node X	Node Y	Node Z	Node Bend Radius	Node Rotation Angle	Node Slope Angle	Segment Length	Tube Length
#1	0mm	0mm	0mm			0deg	61,9mm	453,689mm
#2	0mm	61,9mm	0mm					
#3	0mm	100mm	0mm	38,1mm		90deg	59,847mm	
#4	0mm	100mm	38,1mm		-90deg		38,1mm	
#5	0mm	100mm	76,2mm					
#6	0mm	100mm	114,3mm	38,1mm		0deg	59,847mm	
#7	38,1mm	100mm	114,3mm		90deg		38,1mm	
#8	76,2mm	100mm	114,3mm					
#9	114,3mm	100mm	114,3mm	38,1mm		0deg	59,847mm	
#10	114,3mm	61,9mm	114,3mm		-90deg		38,1mm	
#11	114,3mm	23,8mm	114,3mm					
#12	114,3mm	-14,3mm	114,3mm	38,1mm		-90deg	59,847mm	
#13	114,3mm	-14,3mm	76,2mm				38,1mm	
#14	114,3mm	-14,3mm	38,1mm					

tiert. Darauf öffnet sich das Dialogfenster *xy-Koordinaten*. Hier kann jetzt die x und y Position für die Tabelle definiert werden. Das Dialogfenster wird geschlossen und die Biegetabelle im Drawing platziert.

Hinweis: *Als xy-Koordinaten kann einfach 0 definiert werden und im Anschluss die Tabelle an die gewünschte Position verschoben werden.*

Bend Report

Node Number	Node X	Node Y	Node Z	Node Bend Radius	Node Rotation Angle	Node Slope Angle	Segment Length	Tube Length
#1	0mm	0mm	0mm			0deg	61,9mm	453,689mm
#2	0mm	61,9mm	0mm					
#3	0mm	100mm	0mm	38,1mm	-90deg	90deg	59,847mm	
#4	0mm	100mm	38,1mm				38,1mm	
#5	0mm	100mm	76,2mm					
#6	0mm	100mm	114,3mm	38,1mm	90deg	0deg	59,847mm	
#7	38,1mm	100mm	114,3mm				38,1mm	
#8	76,2mm	100mm	114,3mm					
#9	114,3mm	100mm	114,3mm	38,1mm	-90deg	0deg	59,847mm	
#10	114,3mm	61,9mm	114,3mm				38,1mm	
#11	114,3mm	23,8mm	114,3mm					
#12	114,3mm	-14,3mm	114,3mm	38,1mm		-90deg	59,847mm	
#13	114,3mm	-14,3mm	76,2mm				38,1mm	
#14	114,3mm	-14,3mm	38,1mm					

Hinweis: *Die Biegetabelle ist assoziativ zur 3D Konstruktion. Das bedeutet, wenn die Run*

verändert wird, passen sich die Werte nach einer Aktualisierung  *an die neue Konstruktion an.*

7.1.3 Übung 14 - Fertigungszeichnung mit Biegetabelle

Bei dieser Übung geht es darum, eine Zeichnung mit den Biegepunkten und der dazugehörigen Biegetabelle (Biegereport) zu erstellen. Für diese Übung wird die fertiggestellte Übung 11 geöffnet.

Ziel: Es soll von der Kühlwendel eine Ableitung mit den Knotenpunkten und einer Rohrmittellinie konstruiert werden. Eine Biegetabelle wird neben der Ableitung auf der Zeichnung platziert.

Übung laden

⇨ Die fertiggestellte Übung 11 wird in CATIA geladen.

Hinweis: *Die Bauraumgrenzen im Produkt werden nicht für die Ableitung benötigt und können in diesem Fall gelöscht werden.*

Neues Drawing öffnen

⇨ Ein neues Blatt A3 mit einem Standard Iso wird im Drafting geöffnet.

Ansicht ableiten und aufbereiten

⇨ Mit der Funktion *Isometrische Ansicht* wird eine Iso-Ansicht von der Kühlwendel generiert.

Hinweis: *Im Gegensatz zu herkömmlichen Ableitungen von Bauteilen wird die Ableitung der Rohrleitung mit deren Zubehör in der Ansicht blau dargestellt.*

⇨ Über die *Eigenschaften* der Ansicht wird die Option *3D-Punkte* aktiviert. Das Dialogfenster *Eigenschaften* wird wieder mit OK geschlossen.

⇨ In der Isometrischen Ansicht werden jetzt die Knotenpunkte der Rohrleitung dargestellt.

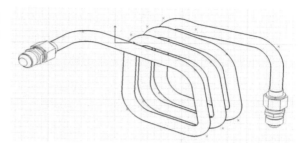

⇨ Mit der Funktion Profil 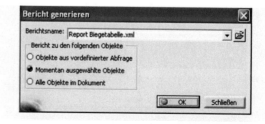 wird die Mittelline von Knotenpunkt zu Knotenpunkt erzeugt. Für das Profil wird eine dünn strich-punktierte Linie ausgewählt.

⇨ Nach der Mittellinie werden mit der Funktion *Text mit Bezugslinie* die Knotenpunkte in der Konstruktionsreihenfolge durchnummeriert.

Hinweis: *Beim Nummerieren der Knotenpunkte darauf achten, dass beim Biegereport auch die Segmentpunkte berücksichtigt werden. Daher müssen diese, obwohl sie in der Ableitung nicht sichtbar sind, berücksichtigt werden!*

Biegereport erzeugen

⇨ Im Strukturbaum wird die aus dem Katalog eingefügte Biegsame Leitung (TUBE-BENDABLE-TVII) selektiert, da diese die Referenz für den Biegereport ist.

⇨ In der Arbeitsumgebung Tubing wird über das Klappmenü *Tools > Report > Generate* das Dialogfenster *Bericht generieren* geöffnet.

⇨ Im Dialogfenster wird die Option *Momentan ausgewählte Objekte* selektiert. Das Dialogfenster wird mit OK geschlossen.

⇨ In dem Dialogfenster *Bend Report* wird die Funktion *In Dokument einfügen* selektiert. Darauf wird in die Umgebung Drafting gewechselt und das Blatt mit der Ableitung im Strukturbaum selektiert.

⇨   In dem Dialogfenster *xy-Koordinaten* wird jeweils der Wert null eingetragen wenn nicht anders gewünscht. Das Dialogfenster wird mit *Schließen* geschlossen.

⇨   Das Dialogfenster *Bericht generieren* kann ebenfalls geschlossen werden.

⇨   Auf dem Blatt wurde der Report wie auf der nächsten Seite dargestellt eingefügt.

Ist es in der Ansicht gewünscht, dass die Rohrverschraubungen nicht dargestellt werden, dann müssen diese über die Funktion *Eigenschaften überlagern* ausgeblendet werden.

Hinweis: *Der Report (Biegetabelle) ist assoziativ zur 3D-Leitung und wird bei einer Änderung nach der Aktualisierung automatisch angepasst.*

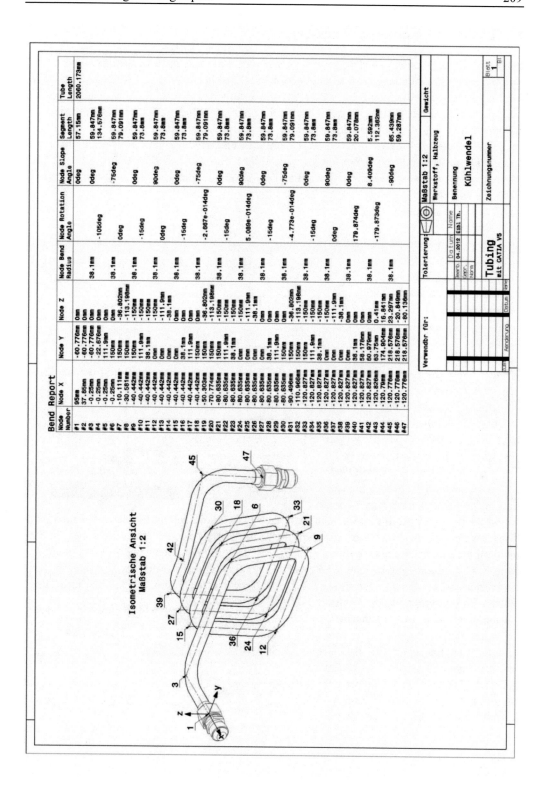

7.2 Einbauzeichnungen generieren

In diesem Kapitel werden Vorschläge gezeigt, wie man Leitungseinbauten dokumentieren kann und diese auf der Zeichnung für eine gute Anschaulichkeit hervorhebt. Bei Einbauzeichnungen von Leitungen geht es oft nicht so sehr darum, die Sichtbarkeit von verdeckten oder sichtbaren Kanten wie bei Bauteilkonstruktionen richtig darzustellen, sondern den Verlauf deutlich zu dokumentieren. Für diese Anwendungsfälle ist es dann auch erlaubt, eine nicht sichtbare Leitung sichtbar und dick hervorzuheben. Wie Leitungen und deren Komponenten individuell auf der Zeichnung hervorgehoben werden können, zeigen die nächsten Seiten. Im ersten Schritt erfolgt die Ableitung der Ansicht auf dem Blatt. Zu diesem Zeitpunkt wird die gesamte Geometrie mit einer einheitlichen Strichstärke und einem einheitlichen Strichtyp dargestellt. Man erkennt, dass diese Darstellung eher unübersichtlich ist und sich der eigentliche Leitungsverlauf nur wenig von der nicht so wichtigen Umgebung hervorhebt. Aus diesem

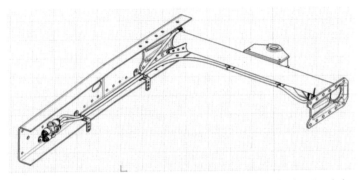

Grund werden die Leitungen, deren relevanten Bauteile und die Umgebung mit der Funktion *Eigenschaften überlagern* mit unterschiedlichen Strichstärken und Strichtypen definiert. Die Funktion wird über die *rechte Maustaste* auf die Ansicht im Strukturbaum oder dem Ansichtsrahmen und über *Objekt ... > Eigenschaften überlagern* gestartet. Das Dialogfenster *Eigenschaften* öffnet sich. Es wird in die Arbeitsumgebung Tubing gewechselt und an dem 3D-Einbau alle

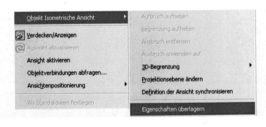

Komponenten mit der Strg-Taste selektiert, die in der Ansicht bearbeitet werden sollen. In diesem Fall wird lediglich die Umgebung selektiert, da diese auf der Zeichnung in den Hintergrund gestellt wird. Nachdem die Objekte selektiert wurden, kehrt man zurück ins Drawing. Im Dialogfenster sind die Selektionen hinzugefügt. Mit der Funktion *Bearbeiten* können im Dialogfenster *Editor* verschiedene Grafikeinstellungen und Darstellungsmöglichkeiten definiert werden. Die Umgebung wird mit einer Strichstärke von 0,13 mm und dem Strichtyp fünf definiert. Die beiden Dialogfenster werden mit OK geschlossen und die Definitionen auf die Ansicht übertragen.

Durch die dünne Strich-
stärke und einem anderen
Strichtyp kommt der
Leitungsverlauf in der
Ansicht besser zur Gel-
tung. In der Abbildung
sind alle Stecker, Clips,
Kabelbinder und Leitun-
gen dick dargestellt. Der
Rest dient nur als Umge-
bung und Orientierung
für den Monteur.

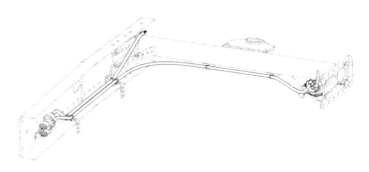

Hinweis: *Alle Teile, die nicht in der Einbauzeichnung ausgeworfen werden, sind Umgebung und werden in den Hintergrund gestellt. Alle Bauteile die in der Einbauzeichnung ausgeworfen werden bleiben dick hervorgehoben.*

Die Zeichnungsdarstellungen auf den folgenden Seiten sind nur Vorschläge wie man Leitungseinbauten dokumentieren kann.

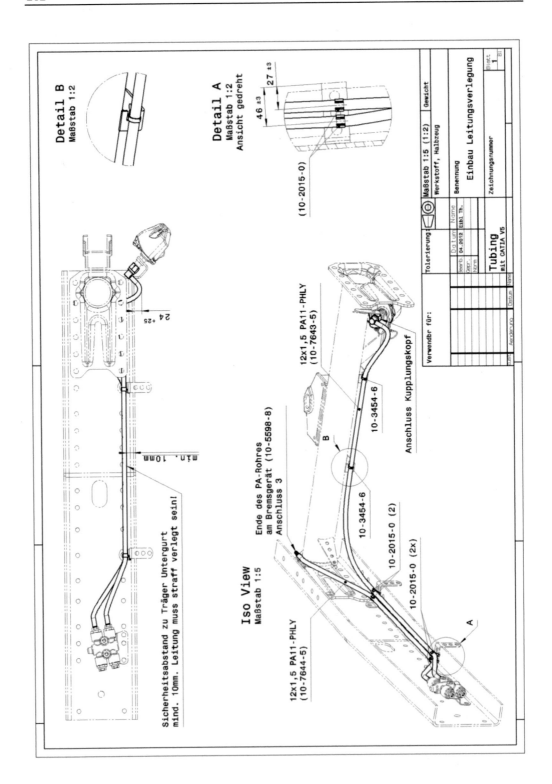

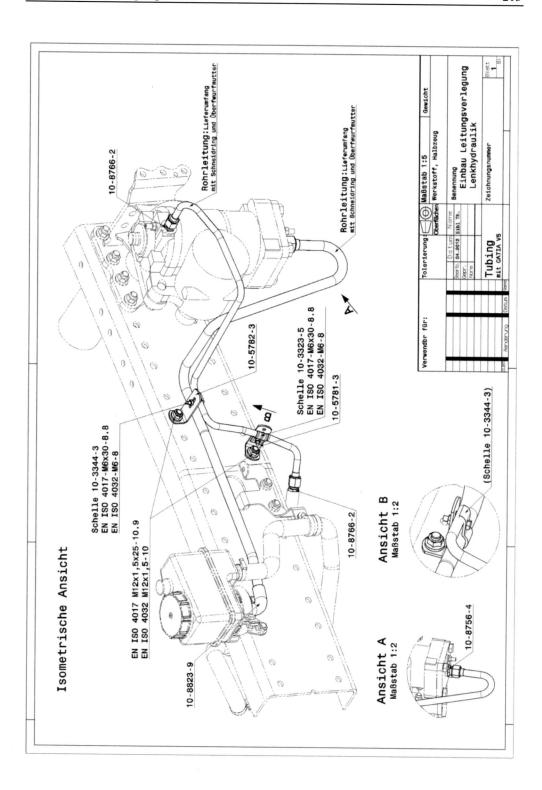

8 Fehlerbehebung

In diesem abschließenden Kapitel werden die bei Einsteigern am häufigsten auftretenden Fehlermeldungen gezeigt. Um diesem Problem entgegenzuwirken, soll dieses Kapitel eine kleine Hilfestellung sein. Es wird auf die Ursachen eingegangen und ein Lösungsansatz vorgeschlagen.

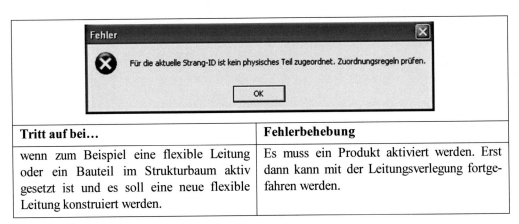

Tritt auf bei...	Fehlerbehebung
wenn zum Beispiel eine flexible Leitung oder ein Bauteil im Strukturbaum aktiv gesetzt ist und es soll eine neue flexible Leitung konstruiert werden.	Es muss ein Produkt aktiviert werden. Erst dann kann mit der Leitungsverlegung fortgefahren werden.

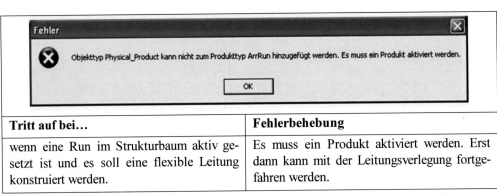

Tritt auf bei...	Fehlerbehebung
wenn eine Run im Strukturbaum aktiv gesetzt ist und es soll eine flexible Leitung konstruiert werden.	Es muss ein Produkt aktiviert werden. Erst dann kann mit der Leitungsverlegung fortgefahren werden.

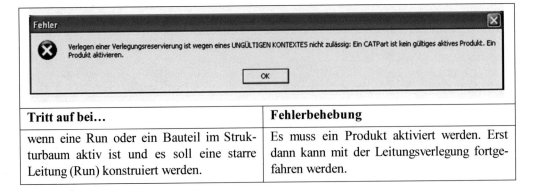

Tritt auf bei...	Fehlerbehebung
wenn eine Run oder ein Bauteil im Strukturbaum aktiv ist und es soll eine starre Leitung (Run) konstruiert werden.	Es muss ein Produkt aktiviert werden. Erst dann kann mit der Leitungsverlegung fortgefahren werden.

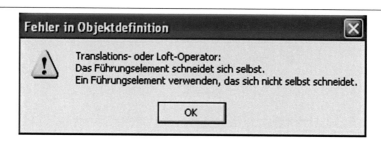

Tritt auf bei...	Fehlerbehebung
wenn sich der Verlauf einer flexiblen Leitung selbst schneidet, weil er sich zum Beispiel kreuzt oder berührt.	Der Leitungsverlauf muss abgeändert werden. Das heißt, der Spline und die Knotenpunkte müssen geändert werden.

Tritt auf bei...	Fehlerbehebung
wenn der Leitungsverlauf einer flexiblen Leitung so ausgeführt ist, dass die Krümmung nicht darstellbar ist, das bedeutet zu enge Radien oder auch sehr nahe beieinander liegende Punkte. Der Leitungsverlauf ist zu kompliziert und kann daher nicht erzeugt werden.	• Mindestbiegungsradius verkleinern • Verlauf mit größeren Radien konstruieren • Richtungsvektoren an der Spline ändern • Verbindungen (Connectoren) anders ausrichten • Knotenpunkte verschieben

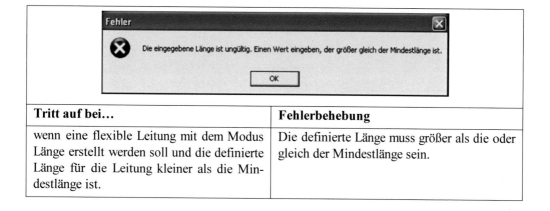

Tritt auf bei...	Fehlerbehebung
wenn eine flexible Leitung mit dem Modus Länge erstellt werden soll und die definierte Länge für die Leitung kleiner als die Mindestlänge ist.	Die definierte Länge muss größer als die oder gleich der Mindestlänge sein.

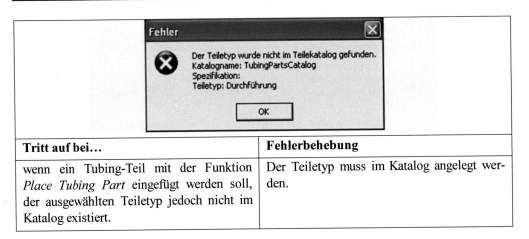

Tritt auf bei...	**Fehlerbehebung**
wenn ein Tubing-Teil mit der Funktion *Place Tubing Part* eingefügt werden soll, der ausgewählten Teiletyp jedoch nicht im Katalog existiert.	Der Teiletyp muss im Katalog angelegt werden.

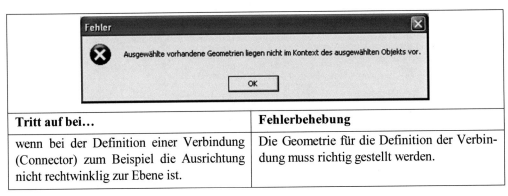

Tritt auf bei...	**Fehlerbehebung**
wenn bei der Definition einer Verbindung (Connector) zum Beispiel die Ausrichtung nicht rechtwinklig zur Ebene ist.	Die Geometrie für die Definition der Verbindung muss richtig gestellt werden.

Printed in the United States
By Bookmasters